AF384363

OUTILS ET PROCÉDÉS DE SONDAGES

OUTILS ET PROCÉDÉS

DE

SONDAGES

PAR

PAULIN ARRAULT *

Ingénieur des Arts et Manufactures

MEMBRE DE LA SOCIÉTÉ DES INGÉNIEURS CIVILS
DE LA SOCIÉTÉ GÉOLOGIQUE DE FRANCE, ETC.

PARIS
69, RUE ROCHECHOUART, 69
1890

INTRODUCTION

Dans une brochure pub.liée en 1878, mon éminent prédécesseur, M. Léon Dru, a décrit les outils qu'il avait exposés et les procédés créés et employés par la maison.

Cet ouvrage a dû son succès à la clarté et à la précision qui y avaient été apportées, et aussi à l'intérêt qu'offre aux ingénieurs et aux industriels l'art du sondage.

Pour répondre aux nombreux désirs qui me sont exprimés, j'ai poursuivi cette œuvre en lui imprimant un caractère d'actualité, en ajoutant les derniers perfectionnements apportés à l'outillage, constituant ainsi le noyau du matériel de la maison aujourd'hui répandu dans les cinq parties du monde et rendant les plus grands services dans les cas les plus divers.

S'agit-il, en effet, de recherches d'eaux artésiennes ou ascendantes, de mines, de missions scientifiques, d'études de terrains pour ouvrages d'art, sur terre ou sur mer, ou de consolidations d'édifices, le matériel, convenablement choisi, répond à tous les besoins et, sauf pour les cas de grande profondeur, il peut être utilisé, sans grande expérience, avec les seuls conseils qu'a suggérés la pratique et sur une courte explication.

Grâce à l'extension de l'art de l'ingénieur et à la

simplicité des manœuvres, on peut dire qu'aujour-
d'hui il n'est point de contrée si éloignée qu'elle soit
où l'on ne cherche à mettre à profit l'emploi de la
sonde ; avec une description aussi succincte que je me
propose de le faire, on trouvera les éléments qui per-
mettront de faire, un choix judicieux, sans recou-
rir au spécialiste, qui, lui-même, en l'absence de tout
document géologique, est obligé de supputer les outils
les plus convenables à la réussite de l'opération que
l'on veut effectuer.

C'est d'ailleurs le désir d'appliquer un art qui a été
pratiqué avec une si grande autorité par mes illustres
devanciers, Mulot, Saint-Just et Léon Dru, qui a
servi de point de départ aux travaux si importants
confiés à la maison et que les gouvernements français
et étrangers ont mis à profit en lui demandant son
concours. L'œuvre coloniale, si remarquée à la dernière Exposition, lui doit en grande partie sa vitalité.
Aussi son expansion et sa vulgarisation se manifes-
tent-elles à chaque instant par les besoins croissants
de la vie agricole et industrielle.

Dans tous les grands travaux des administrations
de l'État, ponts et chaussées, mines, génie militaire
et maritime, les services des différents ministères, Travaux publics, Commerce, Finances, Guerre, Instruc-
tion publique, Marine et Colonies, Beaux-Arts,
Justice, et de l'Assistance publique, des grandes com-
pagnies de chemins de fer, etc., l'emploi de la sonde est
devenu un besoin et une application courante.

Le développement progressif des machines et celui
plus récent de l'électricité nécessitant de grandes
forces, les industries sucrières opérant avec la dif-
fusion, sont des sources nouvelles de l'emploi des
sondages, pour la production, la condensation de la
vapeur et les lavages. C'est encore aux sondages que

la direction éclairée de M. Alphand, à l'Exposition de 1889, a recouru pour déterminer les fondations de l'œuvre magistrale de MM. Contamin et Dutert, le palais des machines; enfin, la tour Eiffel elle-même les a appliqués pour ses importantes assises.

Toutes les colonies françaises sont pourvues des appareils de sondages nouveaux de la maison, l'Algérie, la Tunisie, le Sénégal, Obock, le Tonkin, etc.

Les missions des eaux minérales du Caucase, de la mer intérieure africaine, du canal du Volga au Don, du Transsaharien et du Soudan, la compagnie de Panama, etc., ont également utilisé ces appareils.

En 1883, le gouvernement Argentin se décida à employer le matériel de la maison aux grands travaux de recherches pour l'alimentation des points élevés de son territoire et à la découverte de ses richesses minières.

Les modèles de ces appareils figurent d'ailleurs dans les Ecoles du Gouvernement et dans les principales Universités étrangères.

J'observerai pour la description des planches une concision aussi grande que possible eu égard à l'abondance du sujet, et je ne m'étendrai que sur les outils spéciaux dont je donnerai les détails de fonctionnement. Après cette énumération, je résumerai, ne désirant pas faire un cours de sondage, les conditions générales et les différentes phases que l'on peut trouver pendant l'exécution d'un forage.

DESCRIPTION

DES

OUTILS ET PROCÉDÉS DE SONDAGES

PLANCHE I

SONDES ET OUTILS DE MANŒUVRE

La tige de sonde employée par la maison, fig. 1 et 2, est en fer carré, de façon à pouvoir effectuer une rotation à la main par l'intermédiaire du tourne-à-gauche, fig. 18 à 22.

La plus petite sonde est celle à main dite de Palissy, fig. 11, de 2 à 3 mètres de long, pour étudier les terres arables ou les gisements de faible profondeur ; son diamètre ne dépasse pas 30 à 40 $^m/_m$. Elle est d'une seule pièce ; d'un côté se trouve le ciseau, de l'autre la cuiller rubanée, et le tourne-à-gauche est mobile, glissant le long de la tige pour être serré par la vis à la position convenable pour la manœuvre.

Les sondes ordinaires sont filetées à leurs extrémités pour recevoir à l'une d'elles un manchon, fig. 5, qui y est fixé par une goupille. Le vissage des deux tiges se fait de façon que les deux goujons portent bien l'un sur l'autre, la boîte ou manchon ne servant que de lien entre deux barres ; quand la boîte ou le goujon sont usés, on fixe la boîte à l'autre extrémité en la retournant, et par un goupillage on obtient ainsi un goujon neuf et une portion de boîte neuve qui permet de prolonger le service de cette sonde dans de notables proportions.

La sonde est généralement vissée à droite et les manœuvres doivent toujours se faire dans ce sens; mais il est des cas où l'on a besoin de tourner en sens inverse, dans des accidents complexes par exemple; alors on fait usage d'une sonde goupillée aux deux goujons ou d'une sonde fixée par un manchon mobile à pans, fig. 6, ou d'une sonde fig. 8, 9, 10, ou mieux enfin d'une sonde à filets à gauche.

Les sondes ont ordinairement 0,50, 1 m., 2 m., 3 m., 4 m., 6 m., de longueur, et les carrés des barres, 22, 27, 35, 40, 50, 65, 80 et 90 $^m/^m$ carrés dont les filets sont calculés pour une résistance supérieure encore.

Les goujons ont un double épaulement qui permet de les enlever au moyen d'agrafes de relevée quand ils reposent sur le tourne-à-gauche, fig. 23, par l'épaulement inférieur. Les tiges à œil servent à des travaux de battage à la détente, fig. 24, de forme analogue au déclic.

Pour cette manœuvre, on place sur la barre une agrafe ordinaire, fig. 16. Si la sonde vient à se rompre, l'agrafe vient reposer sur le fer double, fig. 25, qui lui-même est au-dessus des couvercles, fig. 27, du tube conducteur. Ce guide est placé et solidement calé, bien verticalement à l'endroit où doit s'opérer le sondage.

A l'extrémité d'un câble on fixe quelquefois une sonde ou un outil foreur, le câble est emmanché comme l'indique la fig. 26, dans une fourche et maintenu par deux boulons. Dans l'emploi d'un câble à grande profondeur on se sert d'une bascule qui porte une main, fig. 28, où le câble serré peut être filé peu à peu et à mesure de l'avancement et de la descente du forage. Un excellent guidage et une coulisse surmontant la sonde sont alors indispensables pour assurer la verticalité.

PLANCHE II

Les outils foreurs à percussion appelés trépans ou ciseaux y sont représentés ; une ou plusieurs lames en acier très résistant servent à briser les roches sous le choc. La disposition du manche dégagé de cette lame permet en cas de rupture de la remonter comme une sonde, ce qui est très important, car la rupture près de la lame entraînerait souvent la perte du sondage. Les trépans composés, de diamètres moyens, servent pour des sondages lointains où les réparations de forge sont plus difficiles; mais dans les cas ordinaires, on peut atteindre jusqu'à 1 m. avec une seule lame ; celle-ci est alors enchâssée dans un porte-lame qui permet successivement d'en placer deux autres de plus faible diamètre et de réduire ainsi le coût de cet appareil; de plus, pour une réparation, la lame seule, une fois sortie de son porte-lame, est mise au feu. Des guides, par collier ou lames repasseuses, permettent de maintenir le trépan dans le centre du trou ou d'aléser même ce trou quand on a affaire à des roches très dures.

Dans les terrains durs, les lames portent des joues épousant le diamètre à forer, et dans les argiles, ces joues sont supprimées pour une pénétration plus facile ; c'est ce que l'on appelle trépan droit ou ciseau droit.

On peut aussi établir des trépans composés à 3 ou 4 lames pour le cas de diamètres assez grands dans des terrains très durs.

PLANCHE III

Divers ciseaux, fig. 3 à 9, sont indiqués pour petits diamètres; ils sont construits sur les mêmes principes que ceux décrits plus haut.

Les cuillers pour nettoyage du trou de sonde après la réduction en fragments des couches de terrain sont représentées ici par la fig. 1, de 0ᵐ28 à 0ᵐ60 de diamètre, servant aux marnes et calcaires marneux. Le clapet, muni de sa tige guidée, se soulève de son siège quand la sonde est abandonnée à elle-même, et la cuiller s'emplit par le balancement et la rotation. Cette disposition permet de la vider complètement par une manœuvre très simple ; il suffit de faire abatage avec un levier passé dans la tige et appuyé sur le bord de la cuiller, et en balançant, le clapet se détache facilement de son siège et la matière tombe. Les sables désagrégés sont pompés par la cuiller fig. 3 et 4, et ceux composés de gros éléments comme les alluvions exigent l'emploi de la drague, fig. 10 et 11, qui agit par rotation pour enlever le terrain. Elle est armée d'une tarière qui désagrège les éléments, les rejette latéralement où le sabot les saisit et les fait entrer dans l'outil. Elle a en outre l'avantage de ne pas exiger l'emploi du trépan sur des roches roulées et difficiles à entamer et de ne pas remonter d'eau dont le niveau, quand il est abaissé, tend toujours à augmenter le déblai en provoquant des affouillements.

Les autres outils, fig. 12 à 17, sont destinés à des argiles ou cail
outeuses ou plastiques, des tourbes ou lignites argileux.

Les cuillers ouvertes ordinaires s'appliquent plus particulièrement aux argiles sableuses et cependant compactes, la cuiller ouverte à mouche de tarière dans des argiles pures et très serrées, plastiques. Les tarières rubanées sont employées à des tourbes ou lignites ou à des argiles également compactes; cet outil fonctionne très bien dans des poudingues argileux; la matière empâte complètement l'outil, dans ce cas, jusqu'à sa sortie du trou de sonde.

C'est par rotation et par le poids de la sonde qu'agis-

sent ces outils pour pénétrer dans le terrain ; si le sondage n'atteint pas l'eau et que les terrains glaiseux ou
argileux ne sont pas imbibés, on a soin d'en jeter pour
faciliter la pénétration des outils précités.

PLANCHE IV

La série des cuillers représentées comprend : fig. 1
et 2, la cuiller à mouche et à boulet agissant comme
celle à clapet et à mouche, puis, fig. 3 et 4, celles à
clapet et à gobelet et boulet pour les roches triturées
par le trépan et les sables, et même, pour ceux-ci, les cuillers fig. 5 à 8 fonctionnant également par percussion
servent au percement et au nettoyage tout à la fois ; la
cuiller 5 et 6 a même été employée au percement des
argiles du Gault, à la raffinerie Say (580^m) ; celle à mouche de tarière, fig. 9 et 10, agit de même, mais par rotation, quand des sables agrégés ou tassés se présentent
dans le sondage.

On les vide quand elles sont à boulet, en les retournant bout pour bout et en les frappant sur un morceau
de bois, qui n'abîme pas le filet de l'ajustement, ou bien
avec l'épinglette dont le travail est facilité par une injection d'eau du côté du boulet.

PLANCHE V et VI

Ces deux trépans à lames composées, employés pour
grands diamètres, servent au percement du puits artésien de la Butte-aux-Cailles pour la Ville de Paris, à 1^{m}20
de diamètre et 534 m. de profondeur qui va être poussé
jusqu'à la nappe des sables verts à 580 m. environ.

Les lames sont enchâssées dans un porte-outil en fer
du poids de 3,500 kilog. et consolidées à la base du

manche par un renflement conique. Si une lame vient à se rompre pendant le battage, on emploie pour la remonter le procédé suivant : un petit forage est effectué au milieu du grand trou, on y place un récipient et la lame est rejetée par une sorte de rateau qui opère au fond du trou, puis on remonte le récipient.

Dans la planche 6, fig. 3, le trépan est monté pour un élargissement, les lames d'extrémité seules fonctionnent ; l'addition d'une cravate solidement fixée au porte-outil permet d'adapter ces lames d'extrémités d'une façon simple et cependant très solide.

La forme adoptée pour ces porte-outils est surtout inspirée par le dégagement nécessaire de l'outil si un éboulement venait à se produire pendant une frappe ; si un pareil cas se présentait, on pourrait le dégager tout autour avec des outils de plus faible diamètre et le sortir ensuite en faisant effort avec des verins.

PLANCHE VII

Les cuillers, fig. 1 et 2, sont construites en plusieurs bouts pour des sondages de faible diamètre, 10 à 20 c., et assez profonds pour remonter du déblai en plus grande quantité. Les rallonges sont à vis et l'on peut placer au bas un bout à mouche ou à gobelet ou même à ciseau, suivant le terrain à attaquer. Celle à bascule, fig. 3 et 4, permet de faire basculer le récipient par la partie supérieure et une vidange plus facile ; elle est employée pour des diamètres de 50 à 60 centimètres.

Enfin la cuiller à trois compartiments, fig. 5 et 6, a l'avantage de ne pas se vider entièrement si un des clapets reste ouvert accidentellement ; elle porte des lames tritureuses pour faciliter l'entrée du déblai. Elle s'applique aux forages de 0^{m}80 à 1 m. et plus de section ;

sa construction exige des clapets assez lourds pour un bon fonctionnement et de la plus grande surface possible ; les compartiments doivent être aussi assez étanches pour qu'un compartiment vide n'agisse pas sur les voisins de manière à entraîner les déblais qui y sont contenus. Le guidage de ces cuillers avec les quatre branches d'attache peut se faire à partir de 0 28 ; la consolidation de l'outil en est par suite obtenue, et dans le fonctionnement d'appareils mus mécaniquement, on peut accélérer sans inconvénient la vitesse de relèvement de la sonde, sans craindre d'accrocher le terrain ou les tubages.

PLANCHE VIII

Ces outils sont très importants en cas d'accidents ; ils sont divisés en trois catégories principales :

1° Les outils raccrocheurs, fig. 1, 2 et 3, sont employés pour l'extraction des câbles rompus ; ce sont les tire-bouchons à simple ou double branche.

2° Les cônes taraudés ou douilles pour les sondes quelquefois munies d'un pavillon, quand il s'agit de diamètres importants, ayant pour but de faciliter l'entrée de la barre. La fig. 8 bis est la douille à bois avec pas spécial et gros filet angulaire. Le trébuchet, fig. 11 et 12, est aussi un outil grappin qui fonctionne automatiquement.

Quand on se sert de ces douilles, on suppute la position de l'objet à raccrocher ou bien on en prend une empreinte avec un tampon en bois garni de plomb, enduit de graisse ou de cire ; puis on descend doucement la douille pour le coiffer et on taraude légèrement ; on s'assure que le filet se forme en bandant légèrement la sonde et, quand on a fait un effort suffisant de torsion, on enlève aux verins ou à la main si l'outil à prendre est léger.

Les plus grandes précautions sont nécessaires pour empêcher la douille de lâcher prise ; il faut éviter les chocs et, quand elle arrive au jour, saisir l'outil taraudé soit par des agrafes ou des tourne-à-gauche et le faire reposer sur les couvercles afin de dégager la douille.

Les orifices ménagés au haut de la douille sont nécessaires pour l'emploi de cet outil dans les puits artésiens où il pourrait s'ensabler et se coincer.

La caracole, fig. 5 et 6, s'emploie toutes les fois qu'un outil n'est pas engagé autrement que par son poids ; sinon elle travaille mal à la traction et peut compliquer des accidents.

Dans les figures 9, 10 et 10 bis, sont représentés les outils à pinces pour lames ou objets difficiles à tarauder ; les mâchoires se rapprochent par la vis (b) agissant sur le coin (a) qui écarte les parties (o,o) des mâchoires et ferme celles (m) qui sont tenues écartées par un ressort, de sorte qu'on peut faire plusieurs opérations de vissage et dévissage au fond du trou en serrant fortement la sonde, sans avoir besoin de la remonter.

Un tampon en fer, fig. 13 et 14, avec ses crochets de suspension pour la descente de tubages, sert à pousser ce tubage en le tournant d'un quart après le détachement des crochets. Les crochets ne risquent plus ainsi de s'engager dans les lumières qui ont été ménagées à la tête du tubage.

On peut aussi, pendant la descente d'un tubage, remplacer les mordaches d'outil à pinces par deux crochets à talons qui sont écartés et tendus par le ressort et qui, une fois le tube à fond, se rapprochent, si l'on visse la sonde comme pour les mordaches, et peuvent alors remonter dans le tube descendu.

PLANCHE IX

Les outils spéciaux contenus dans cette planche s'appliquent à des manœuvres de tubes pour la partie des tarauds fig. 1 à 8.

L'outil fig. 1 à 3 mérite un examen spécial; il a pour but de saisir un tube par des mordaches, puis de pouvoir le balancer et l'enlever au besoin ou le descendre. Le corps de l'outil est relié par un tube de longueur variable au gré de l'opérateur à un repos qui porte sur la tête du tubage à enlever. En tournant la sonde, le corps reste fixe et la tige centrale tourne sur elle-même, et l'écrou conique fig. 2 descend; et comme il est relié aux mordaches par une queue d'aronde, il descend sans tourner et repousse les mordaches hors du corps de l'outil; par le mouvement en sens inverse, et grâce à la queue d'aronde, il les fait monter après l'opération terminée du tube à enlever ou à descendre.

Une autre application de cet outil consiste en l'établissement de lumières verticales dans un tube en place; les mordaches sont munies de grains d'orge en acier, et par un mouvement vertical de l'outil on fait 4 saignées dans ce tube de la longueur voulue, ce qui permet de prendre des nappes que l'on n'a pas captées pour une raison quelconque.

Les autres tarauds sont ceux fig. 5 à deux sondes qui s'ouvrent et s'agrandissent par serrage, et celui, fig. 6, qui agit simplement par taraudage. Les fig. 7 et 8 représentent des tarauds pour tubages en bois à gros filets bien vifs.

L'outil aléseur à 4 lames fig. 9 est également destiné à des tubages en bois; il agit aussi par rotation.

Les outils aléseurs fig. 12, 13, 14, 15, 16 sont des

fraises taillées dans le sens de la sonde pour s'assurer dans les tubages d'un passage déterminé.

Les fig. 10 et 12 représentent des outils à couper les tubages, en agissant par rotation; le grain d'orge convenablement trempé, est descendu au point voulu et coupe très nettement en quelques heures une tôle de 3 à 4 $^{m/m}$; celui de la fig. 10 se descend les deux branches serrées par un fil qui se coupe dès qu'on met la sonde en mouvement.

Le couteau est un outil simple que l'on remplace facilement et que l'on peut redescendre à la même position dans le cas où un seul couteau ne suffit pas pour produire la section du tube. La forme angulaire facilite la pénétration dans la tôle, et quand la section est produite et qu'il est engagé dans la partie coupée, il suffit de bander la sonde légèrement, en lui imprimant un léger fouettement pour obtenir le dégagement.

PLANCHE X

Cette planche représente les différentes sortes de tubages employés en sondages. Le premier type, fig. 1, est celui à joints coniques, très facile à goujonner sur place avec le fil taraudé quand les bouts ne sont pas rivés d'avance; il est très rigide une fois emmanché. Il est employé ordinairement pour recherches d'eaux ascendantes et des études peu répétées; il est léger et peu coû·teux et assez étanche pour s'assurer de la présence de nappes artésiennes. Dans ce dernier cas, on peut avantageusement établir un deuxième tubage concentrique et couler du ciment dans l'espace annulaire pour avoir une étanchéité absolue et une grande durée. Dans des terrains pyriteux comme l'argile plastique ou les sables verts, où le tubage en cuivre, plus durable, n'est pas toujours employé à cause de son prix élevé, cette disposition est économique.

Les fig. 3 et 4 représentent la suspension de 2 tubes l'un sur l'autre, quand on craint un glissement de la dernière colonne dans des sables ou terrains peu consistants.

Les tubes en bois d'orme, fig. 5, sont aujourd'hui peu employés à cause de la grande épaisseur du bois et de l'imperfection de leur fabrication. Dans la fig. 6 est indiquée la confection d'un tube à double paroi, pour grands et petits diamètres et quand l'étanchéité complète est nécessaire. Le tampon conique pour reposer un tubage sur une roche convenablement préparée est employé quand il s'agit d'isolement de nappes supérieures ; on le fait en plomb garni de cuir gras bien lisse.

Les différents tubages 8, 11 et 12 sont emmanchés à vis et employés suivant les cas pour recherches de pétroles, d'eaux jaillissantes et quand le tubage a besoin d'une grande résistance. La fig. 13 représente celui adopté pour les études où les filets de vis doivent être très solides et ne pas s'user malgré les fréquents changements de sondages. Dans la fig. 14 un tubage en grès est isolé d'un tube ordinaire en tôle avec du brai et peut recevoir ainsi des eaux acides à absorber.

Pour enlever les tubes à vis, on se sert de viroles à anse filetées, fig. 15, et d'un collier à branches pour les visser.

L'emmanchement à tulipe est souvent appliqué à des tubes en cuivre aussi bien qu'à du fer léger.

L'emboutissoir, fig. 16, l'outil à galets, fig. 21, servent pour les cas où le passage de tubes légers s'est rétréci par suite d'éboulements ou autres accidents ; on opère alors par séries de manœuvres verticales sur la sonde.

Les tampons fig. 17, 18 et 19 sont destinés à enfoncer les tubes en frappant sur leur tête.

On les descend sur la tête du tube au moyeu d'une tige à renflement appelée tige à tampon et munie d'une clavette d'arrêt à sa partie inférieure; puis on soulève la sonde et l'on frappe à petits coups pour produire l'enfoncement.

Quand il s'agit de descendre un tube avec un tampon en fonte ou bois, on perce des trous à la tête du tube et l'on enfonce dans le tampon, s'il est en bois, des broches de 8 à 9 $^{m}/_{m}$ en fer, en ayant soin de laisser 4 à 5 $^{c}/_{m}$ de jeu entre la tête du tube et le repos du tampon et, quand le tube arrive à fond, on le détache par un coup sec de la sonde, puis on le tamponne. S'il s'agit d'un tampon en fonte, on se sert des trous préparés d'avance dans la fonte et qui sont garnis de chevilles en bois; c'est dans ces chevilles que viennent pénétrer les rappointis servant à soutenir le tube dans sa descente.

Le rivoir à coins fig. 22 s'emploie quand on veut river deux tubes dans lesquels on ne peut pas pénétrer, d'un diamètre inférieur à $0^{m}.50$ par exemple. Après l'introduction du rivet dans le trou préparé, il sert de tas et on rive de l'extérieur; on relève le levier, on introduit un autre rivet, puis on produit à nouveau le serrage des coins, et ainsi de suite.

Le rivetage de deux tubes de grands diamètres s'opère simplement en y faisant pénétrer un homme dans une cage suspendue à la chèvre; cet homme tient un tas contre la tête du rivet qui est fraisée, et l'écrasement a lieu, comme pour les petits tubages, au dehors.

PLANCHE XI

La figure 1 indique les dispositions d'un cimentage de tubes avec la cuiller dont le clapet est relevé avec une corde tenue au jour et le tampon placé pour obturer un tubage intérieur.

Quand l'opération est terminée, ce dont on s'assure en sondant le tampon dont la surface se couvre de ciment, on le remonte par un simple taraudage ou vissage de la tige.

Les élargisseurs, fig. 2 et 3, portent des lames à expansion qui permettent de faire suivre un tube à travers des roches ; la tige, en tournant, fig. 2, laisse agir les ressorts sur les lames pour les écarter.

Dans la figure 3 cette tige presse par un coin sur les 2 lames et les fait ouvrir. Ces outils agissent par percussion.

La figure 10 est une tige avec une lame mobile autour d'un axe pour argiles et terrains tendres, et l'élargissement se fait par rotation.

L'alésoir, fig. 4, prépare le passage des tubes dans des couches où le trépan n'a pas percé un trou bien rond.

L'alésoir conique, fig. 5, sert à faire l'assise d'un tampon conique d'obturation, et la fig. 6 représente un alésoir à bois.

La figure 7 est un ciseau excentré jouant le rôle d'élargisseur dans les faibles diamètres. On peut aussi se figurer deux ciseaux analogues formant fourche à ressort qui servent également d'élargisseur.

Les cuillers à bois, fig. 8 et 9, avec ou sans charnière, sont employées pour des tubes en bois.

PLANCHE XII

Dans de nombreux cas d'études de terrains il est nécessaire d'avoir un échantillon bien net, et alors on a recours aux outils découpeurs, soit la frette, fig. 1, soit l'outil découpeur, fig. 2 et 3, agissant par percussion. Après avoir amorcé avec soin le fond du trou, on opère le découpage par un outil bien guidé avec la sonde en-

tière ou par le battage à chute libre; on bat avec le découpeur, sans nettoyer, et on obtient un témoin qui
atteint ordinairement 0,50 à 0,80, dans les terrains
durs, avec des sections de 20 à 25 centimètres. Le témoin
découpé, fig. 4, vient à être coiffé de l'outil emporte-
pièce, fig. 5 ou 6. Avec l'un ou l'autre l'opérateur détache par la base le témoin en utilisant le poids de la
sonde sur un coin placé à l'extrémité inférieure. Dans
le premier, il est retenu par un système à baïonnette
qui empêche le coin de se dégager et qui permet, arrivé
au jour, de le décoincer afin d'avoir le témoin.

Dans le second, sur le prolongement du coin est un
doigt qui s'engage dans l'encoche d'un ressort, et le témoin ne peut non plus se dégager dans ce cas avant
d'arriver au sol.

Enfin, l'appareil fig. 7 est employé pour les petits
diamètres et les terrains moyennement durs; un coin
en bois de chêne fait serrer le ressort contre le terrain et le détache quand on agit par un coup assez sec ;
le découpage se fait alors avec une frette dentée.

D'autres fois enfin, pour des témoins de faible hauteur,
quand les couches sont peu épaisses, on opère généralement avec deux frettes dentées de sections peu différentes, l'une découpant, l'autre coinçant le témoin à la
base, et l'on peut suffisamment étudier l'échantillon remonté.

PLANCHE XIII

Dans le cas de terrains friables, comme la houille, on
se sert pour avoir un échantillon d'un grattoir, fig. 1,
qui convenablement placé dans le forage fait tomber, en
tournant la sonde, les parois du terrain entamé dans un
récipient fixé à la sonde où on peut l'étudier et l'analyser.

Les figures 2, 3 et 4 représentent un appareil nouveau destiné à reconnaître le pendage des couches dans le sol. Il est tout en bronze phosphoreux; le corps, qui renferme une boussole montée sur un mouvement d'horlogerie à réveille-matin permettant de la rendre fixe à un moment donné, peut supporter 50 et 60 atmosphères. A la base est un caoutchouc ferme qui porte deux encoches, fig. 3, garnies d'étoffe imprégnée d'encre grasse.

Pour opérer avec cet appareil, on découpe d'abord un échantillon du diamètre du fond de l'outil à boussole, après avoir soigneusement dressé le fond du trou, puis on descend l'outil bien guidé au bout d'un câble ou d'une sonde, pour imprimer sur la surface la forme de l'y en encre grasse ; le mouvement est préalablement remonté de façon que le déclanchement n'ait pas lieu avant la pose de l'outil au fond; quand ce temps s'est écoulé après lequel le réveille-matin a fonctionné, on remonte l'outil au sol, on enlève le témoin par les procédés ordinaires.

On dévisse alors le corps de l'outil à pendage et l'on en reporte le fond sur la marque imprimée. En faisant bien coïncider l'empreinte et l'étoupe grasse, la boussole rendue fixe au fond par le mouvement du réveille-matin donne la direction du nord par rapport à l'inclinaison des couches, constatée sur le témoin.

L'outil à descendre les tubes, fig. 5 et 6, dans le cas d'une nappe artésienne est basé sur ce principe de profiter du jaillissement d'une nappe pour accélérer sa vitesse en la faisant passer au moyen d'un obturateur par une colonne plus petite, et au contact du sable à enlever. La vitesse est suffisante pour entraîner même jusqu'au dehors les sables fins; les gros graviers sont recueillis dans le corps de l'outil.

Avec une descente progressive de cet outil on arrive à un nettoyage rapide et supprimant des manœuvres dans des tubages quelquefois délicats, comme les tubages en cuivre.

Cet outil a été employé avec succès au puits artésien du château d'Eu.

PLANCHE XIV

Le forage au trépan exigeant une chute de cet outil, différents systèmes sont employés pour obtenir cet effet.

Le plus simple est le déclic à la détente où la sonde tombe tout entière, Pl. I, fig. 24 ; l'ouvrier la tient à la main; la sonde étant relevée, par un mouvement de bascule, l'opérateur obtient le déclanchement, la reprend après la chute et tourne légèrement pour changer la position de la frappe.

C'est le cas général; mais, dans les roches dures, on a besoin d'une plus grande rapidité et, à de grandes profondeurs, on ne pourrait sans accident frapper avec toute la sonde, et l'on a recours aux appareils à chute libre.

La figure 1 de cette planche représente encore une frappe avec toute la sonde pour traverser les roches d'une certaine dureté ; une bascule actionnée à bras d'hommes est élevée et abaissée alternativement, la sonde, munie d'une frette fixée avec quatre vis sur ses faces, est poussée sur le mentonnet en fer dont la bascule est munie, et l'on déclanche en agissant sur le tourne-à-gauche dans le sens de la flèche; on obtient ainsi un battage assez rapide et économique pour des profondeurs de 30 à 50 mètres et du diamètre de 15 à 20 centi-mètres.

Quand on veut opérer à grand diamètre ou à grande profondeur, la sonde est séparée de la partie chutante par un appareil à chute libre. Dans ce cas, la partie chutante est alourdie et l'autre, représentant le poids mort, allégée, autant que possible doit être bien guidée dans le trou de sonde pour aider au raccrochage de l'outil.

Un appareil simple est celui, fig. 2, 3 et 4, composé d'un corps cylindrique creux relié à la sonde dans lequel on a tracé une rainure longitudinale terminée par deux crans ; aux extrémités, la tige fig. 4, portant une clavette, qui se meut dans la rainure du corps, est reliée à la partie chutante.

On descend cet ensemble quand la clavette est au cran d'arrêt inférieur, et quand on arrive à fond, il suffit de détourner légèrement à gauche pour que la clavette fonctionne dans sa rainure. En laissant reposer la sonde, la clavette suit le plan incliné et vient au-dessus du plan d'accrochage par un léger mouvement à gauche de la sonde supérieure ; il suffit alors de relever la sonde de la hauteur de chute à donner et d'imprimer ensuite une torsion à droite pour que le déclanchement ait lieu.

C'est un outil peu encombrant, et quand il est construit solidement, en bon acier, il rend les plus grands services ; il a aussi l'avantage d'occuper dans le sondage un espace très restreint, ce qui est fort utile dans un cas d'accident.

PLANCHE XV

Un autre outil, très simple également, et basé sur la réaction produite dans la sonde par le choc de la bascule, est représenté dans cette planche ; il s'applique comme le précédent à de faibles et moyens diamètres et peut être employé à de grandes profondeurs. La sonde étant fixée à une bascule sans solution de continuité, on fait donner à cette bascule après relevage un choc sur un buttoir ; l'accrochage de la partie inférieure qui est obtenu par le moyen du mors et de la glissière se disjoint ainsi et permet la chute.

La partie supérieure, au moment du choc, éprouve un brusque mouvement de bas en haut et l'ensemble suit cette direction; mais à l'arrêt de cet entraînement, le mors, qui porte un axe se mouvant dans un œil ovalisé, continue encore son ascension, et comme il touche par sa tête à un plan incliné devenu immobile, il s'incline comme l'indique le pointillé et les plans d'accrochage b et h' se séparent.

La glissière tombe avec le trépan; puis le raccrochage s'opère à nouveau en abaissant la partie supérieure, et une nouvelle chute s'opère comme précédemment.

C'est ainsi un outil peu compliqué et qui peut se réparer et s'entretenir facilement. Il s'emploie pour des sondages à bras avec une bascule frappée par les ouvriers, et pour des sondages profonds, il fonctionne à l'aide du cylindre batteur. Un guidage par lanterne lui est indispensable pour obtenir un trou droit.

PLANCHE XVI

Pour de grands diamètres et par suite de trépans lourds, on se sert d'outils à point d'appui; c'est une longue tige de fer s'appuyant sur le fond portant un talon qui vient rencontrer un mors accroché à la partie chutante, le force à se déplacer et produit ainsi la chute.

Les figures 1 et 2 expliquent suffisamment les différentes phases du battage. Cet outil a l'avantage d'être automatique pour le décrochage et s'emploie sans le service du cylindre batteur avec une transmission donnant à la bascule son mouvement de montée et de descente. Ici également le guidage est nécessaire.

PLANCHE XVII

La coulisse à pression d'eau, fig. 1, 2, 3 et 4, comprend un cylindre à 2 diamètres plein d'eau dans lesquels se meut un piston du diamètre du petit cylindre. Le petit cylindre étant au-dessus du grand, dès que le piston vient dans le grand il tombe librement, étant relié à la partie chutante de la sonde ; si le cylindre mû par la sonde supérieure redescend coiffer le piston, celui-ci entre dans le plus petit cylindre, refoule l'eau qui se trouve au-dessus de lui par des orifices ménagés dans la fonte, et c'est par les mêmes orifices que l'eau repasse en sens inverse pour permettre la chute. Le réglage suivant l'usure et le poids chutant s'obtient au moyen de vis obturatrices placées sur le couvercle. Cette disposition permet de se servir toujours de la même eau et de ne pas introduire de boues dans le cylindre.

Pour la descente, on a ménagé un emmanchement à baïonnette au-dessous du piston, et au fond du grand cylindre; cette descente dans le sondage se fait dès lors sans inconvénient, fig. 1, et une fois arrivé à fond, l'appareil est prêt à fonctionner après un simple mouvement de rotation pour démancher la baïonnette.

PLANCHE XVIII

Elle représente la disposition d'un trépan élargisseur pour grand diamètre et grande profondeur, type de la Butte-aux-Cailles. Le trépan est monté sur une chute libre à point d'appui qui, par ses barres d'appui, soutient un cylindre destiné à recueillir les déblais afin de n'avoir pas à aller les chercher au fond du sondage. Ce cylindre a un léger mouvement et suit la chute libre; ce qui est nécessaire pour l'empêcher de s'engorger sous les déblais.

Enfin, pour la vidange du récipient, le clapet ne se soulève pas; il est à volets, et en tournant d'un tiers la tige on fait sortir facilement les déblais par le fond.

PLANCHE XIX

Le cylindre batteur à vapeur employé pour chute libre à réaction peut être actionné à la main ou automatiquement par les taquets C et C', fig. 6, conduisant la tige de distribution. C'est un cylindre à vapeur ordinaire dont le système de détente doit toujours être fort simple.

Les fig. 3 et 4 représentent la disposition du buttoir en bois avec les guides pour la bascule et un ressort limitant la course à l'accrochage de l'outil. Une pédale d'équilibre (p), fig. 3, est destinée à équilibrer la sonde, la vapeur ne devant agir que pour vaincre la difficulté entre le poids mort et celui de la sonde.

Une fois le battage terminé, on dételle la bielle, et en soulevant la bascule par sa tête, après avoir enlevé les chapeaux des coussinets, on la recule en arrière pour dégager l'axe du sondage.

PLANCHE XX

La descente d'un tubage important ne peut s'effectuer par les moyens ordinaires, c'est-à-dire avec les tarauds ou outils à crochets : on se sert de vérins à la main ou hydrauliques; ceux-ci doivent être employés de préférence dans le cas de poids considérables.

Dans l'emploi des vérins ordinaires, une série de col-

liers *n*, *n'* retient le tube au fond d'un trou de manœuvre; puis quand on les desserre, un autre système
de colliers semblables suspendu à deux vis qui sont
mues par des pignons hélicoïdaux, permet la descente;
celle-ci s'opère donc aussi lentement que le veut l'opérateur; ce système a été employé à la raffinerie Say
pour un tubage général de 500 mètres de long pesant
45,000 kilog.

Il est des cas de tubages profonds où ce système
devient défectueux, quand la friction du collier peut
avoir sur l'assemblage du tube une influence de désagré-
gation, c'est celui qui nécessite l'application des vérins
hydrauliques, ou des boîtes à sable, comme pour le
décintrement des ponts, avec des supports fixés à la
paroi extérieure et suffisamment adhérents.

On procède par reprises de supports jusqu'à ce que
l'élément de tubage suivant soit descendu.

PLANCHES XXI, XXII et XXIII

L'application de la sonde à la consolidation d'ouvrages
d'art est représentée dans ces trois planches. Au viaduc de Chérizy, on employa un piston à tige centrale à
vis pour pousser le ciment Portland; ce piston agissait
dans un tube et, grâce à la disposition de la tige centrale,
pouvait faire plusieurs opérations de refoulement en
observant convenablement les rentrées d'air.

Au viaduc du Point-du-Jour, un simple piston en bois
avec le poids d'un ou deux hommes a opéré avec un
résultat analogue : la vase refoulée était remplacée par
du ciment; dans les piles on chargeait le ciment jusqu'en
haut et le poids suffisait pour l'injection.

A Lariboisière, fig. 1, les fondations sur les marnes
du gypse donnèrent lieu à l'établissement de trous de

sonde descendant jusqu'au gypse et au terrain solide.

Le béton était descendu avec la cuiller fig. 5 et 6 dont le clapet s'ouvrait par un déclic adapté à la tige et qui, une fois refermé, servait au pilonnage et à la compression de ce béton.

Une autre cuiller, fig. 3 et 4, permet la descente du ciment liquide pour cimenter deux colonnes de tubes; le clapet est mû automatiquement, la tige centrale bute sur un obstacle convenablement placé, ordinairement un tampon, et le ciment se répand dans l'espace annulaire sans être délayé.

Dans la réfection du Pont-Neuf, dirigée par M. Guiard, ingénieur en chef des ponts et chaussées, à la pile 1 du petit bras, l'injection du ciment dans les fondations, qui étaient creuses, a été faite par un moyen très simple : un batardeau a été établi d'un côté de façon à éviter le courant de l'eau, puis le plancher sur lequel reposait la pile fut percé, et on introduisit l'extrémité d'un tube bien étanché à l'extérieur ; l'autre extrémité de ce tube reposait sur le parapet; le ciment placé dans le tube fut enfoncé au moyen d'un piston, et comme le volume à remplir n'était pas connu, on a opéré jusqu'à ce que les joints de la pile refluassent le ciment ; le résultat était donc bon.

PLANCHE XXIV

L'installation d'un appareil sur bateau comme l'indique la figure 1 et 2 sert pour les sondages en rivière. Quand le courant n'est pas très rapide, on relie les deux margotats bien amarrés par un plancher, et le sondage s'effectue entre les deux bords intérieurs. Si l'on dispose d'un bateau assez grand, un simple échafaudage à l'avant permet d'installer l'appareil.

A l'embouchure des fleuves, quand les courants sont violents on ne peut pas opérer ainsi ; il faut des planchers fixes et guider les tubes conducteurs par des pieux qui coupent le courant et en annihilent les effets.

En mer on peut faire des sondages en marée de morte eau et de vives eaux avec des colonnes à vis qui facilitent le rallongement ou le raccourcissement du tubage à volonté pour la commodité du travail.

Les fig. 3 et 4, sondes sous-marines, servent à la prise des échantillons au fond de la mer ; on opère généralement avec un petit treuil et avec de la ligne graduée par des étamines de différentes couleurs ou des nœuds si l'on opère à la nuit ; la mesure s'effectue ainsi rapidement.

Dans la figure 3 le foret est protégé par un chapeau qui empêche le courant de délayer les matières. L'un et l'autre de ces deux types sont à poids variables, les rondelles de plomb s'enlèvent à volonté suivant la profondeur ; les forets sont ouverts ou fermés à la base suivant la nature du terrain, ouverts s'il est solide, et fermés s'il est vaseux ; la vase passe par un orifice latéral, fig. 4.

Quand on sonde dans un endroit où existent des courants, on repère avec soin le point où la sonde est jetée et celui où l'on se trouve quand on commence le relèvement, pour faire les corrections de profondeurs d'après l'inclinaison.

Les figures 5 et 6 représentent une bouteille-éprouvette permettant de prendre l'échantillon de l'eau au fond d'un sondage et s'assurer de sa nature. En l'armant d'une tige vissée à son fond, on peut aussi prendre l'eau à une hauteur quelconque. Cet appareil est tout en bronze et se descend au moyen d'un petit câble ; quand la bouteille pose, l'obturateur descend et ouvre les évents par lesquels l'eau pénètre, puis en relevant il les

fermc à nouveau; on peut donc obtenir la nature d'eau
qui se trouve à un point déterminé.

PLANCHE XXV

On a quelquefois besoin d'une sonde horizontale pour
recherches de mines, d'eaux minérales, etc. On la fixe en
partie sur un chevalet qui porte des cliquets pour la
rotation et un contre-poids aidant la percussion ; l'outil
est rallongé par des tiges ordinaires adaptées à la partie
ronde fixée sur le chevalet. C'est à la tiraude que l'on
agit pour retirer l'outil et obtenir la percussion. Cet
appareil suffit pour des études, mais pour des travaux
importants, c'est l'emploi de la perforatrice que l'on doit
adopter.

Enfin, dans les cas où le déblai doit être peu important,
on peut installer une véritable sonde mue par flexible
et agissant immédiatement au diamètre de la galerie que
l'on revêt d'un tube intérieur. Le porte-outil est disposé
de façon à faire un trou plus grand que le tube qui sert
de point d'appui à l'ensemble de l'appareil. Les déblais
sont rejetés en arrière par une hélice qui les dépose dans
un chariot pour les conduire jusqu'à l'extérieur du trou.

PLANCHE XXVI et XXVII

Les treuils à bras ou mus mécaniquement, employés
pour sondages, sont construits de telle façon qu'avec une
addition simple ils peuvent être mus mécaniquement.
Ils sont reversibles, c'est-à-dire que les organes de commande, leviers, freins, embrayages, cliquets, sont disposés
de façon à pouvoir agir dans un sens ou dans l'autre;

seul l'embrayage du manchon, qui marche à 120 tours par minute, ne peut avoir qu'un sens de rotation.

Le treuil à manivelles et à battage avec chaîne Galle, fig. 1, pl. XXVI, comprend les dispositions spéciales suivantes :

Un engrenage, ordinairement en acier avec bande de frein à friction cannelée, donne une grande puissance et une très grande sensibilité souvent nécessaires pour l'arrêt de la sonde.

En outre, dans le battage à la chaîne Galle, la poulie d'arrêt de retour est supprimée et remplacée par un buttoir fixé à la flasque, arrêtant le tambour quand, dans la rotation, une maille spéciale munie d'un ergot se présente contre ce buttoir.

Le battage s'opère dans ce cas avec toute la sonde dont la chute est obtenue par la détente.

Le treuil, solidement établi, est muni de chapeaux avec flasques qui, en s'enlevant, peuvent laisser rechanger l'arbre supérieur sans un démontage entier; grâce à la disposition spéciale du support en arcade du double cliquet, fig. 4, 5 et 6, qui s'ouvre, on a toute la liberté de sortir l'arbre en grand. Le double cliquet est surtout utile au moment d'une manœuvre de réparation d'accident ou d'un arrêt total du chantier.

La fig. 3, pl. XXVI, montre un treuil sans battage.

Dans la planche XXVII la disposition du système mû mécaniquement est indiquée, fig. 1, avec l'addition des poulies folle et fixe et d'une flasque bien entretoisée : la troisième poulie sert à mouvoir un battage en chute libre ou un cabestan, fig. 2, basé sur le même principe avec ses coussinets en bronze, ses arbres, embrayage, frein, etc., et reversible comme les treuils précédents; son tambour est d'un plus grand diamètre pour un meilleur enroulement du câble.

Ces appareils peuvent utilement atteindre 300 et 400 mètres; au delà on se sert de treuils spéciaux à vapeur figurés, pl. XXIX et XXX, qui portent leurs cylindres moteurs.

PLANCHE XXVIII

Je décrirai brièvement les appareils nouveaux B^{tés} S. G. D. G. essentiellement portatifs et établis en vue des études ou pour les pays coloniaux.

La légèreté en même temps que la solidité sont obtenues par l'emploi de fers creux et démontables par fractions; ils sont construits de façon à former cinq types suivant la dimension et la profondeur du forage.

Appareil n° 1. — Le premier, pour une profondeur de 15 à 20 mètres, comprend un trépied muni d'une couronne permettant avantageusement de laisser passer plusieurs tiges de sonde sans les dévisser; une poulie enchapée est fixée au sommet et la manœuvre du câble est aussi très simple, soit pour la chute, soit pour l'enlèvement des sondes. Quand on veut un arrêt dans la montée de la sonde, la corde est arrêtée [par un tour rapide à un étrier fixé au montant qui porte la poulie et à portée de l'opérateur.

Les diamètres ordinaires employés sont de 8 à 10 cent.; le poids de l'appareil est de 100 kilogs.

Appareil n° 2. — Pour des profondeurs de 20 à 30 mètres. La sonde étant plus forte et plus lourde, l'appareil de ce type porte un tambour à rochet avec manivelles; la manœuvre se fait à la chaîne à 1 ou 2 brins, quand on a des efforts plus grands d'extraction à faire. Le même principe de couronne annulaire est aussi appliqué dans ce cas. Le forage peut avoir les diamètres de 0.10 à 15 cent.; l'appareil pèse 300 kilog.

Appareils n°s 3 et 4. — Le sondage au delà de 30 mètres devient important et comprend la recherche des eaux de profondeur ; un treuil à engrenages, muni d'un frein à friction très puissant, est indispensable pour la manœuvre à bras, et il est appliqué aux deux types n°s 3 et 4, et monté sur l'appareil avec entretoisement, plancher d'accrochage, échelle en fer fixée au montant pour faciliter le graissage et la visite de la poulie fixe. Les diamètres employés sont de 16 à 25 cent., et leur poids respectif de 630 et 900 kilog. Pour le montage, les parties des montants étant assemblées, on dresse celui qui porte le treuil et on l'amarre avec le hauban, puis on présente successivement les deux autres pieds qu'un homme placé sur le hauban dressé guide et boulonne une fois en place; puis on entretoise.

Appareil n° 5. — Enfin l'appareil n° 5, également breveté S. G. D. G., destiné à atteindre les profondeurs de 150 à 200 mètres, comporte treuil et cabestan isolés pour manœuvres à la sonde et au câble. Comme il est nécessaire d'avoir plus de rigidité que dans les types précédents, il est solidement entretoisé à chacun des trois étages, et renforcé par les croix de Saint-André.

Les pièces de jonction, doublées par des manchons intérieurs, sont en acier ainsi que les poulies et pièces de tête.

Avec cet appareil on peut faire des sondages comportant des diamètres de 0.20 à 0.35 cent. Il est donc applicable à tous les travaux coloniaux où la sonde n'a pas utilement, à part quelques rares exceptions, dépassé 100 à 150 mètres.

Les treuils peuvent être en fer ou en fonte et mus par des manèges actionnés par chevaux ou chameaux.

Le poids de cet appareil est de 1,800 kil., et celui du treuil est de 950 kil.

Le montage est fort simple, il s'établit par étages et,

grâce aux échelles mobiles, on peut monter en une heure l'appareil entier, qui est d'ailleurs bien répéré d'avance à l'atelier.

PLANCHE XXIX et XXX

Les installations de grande profondeur pour grande et moyenne section sont figurées pour l'ensemble. Chaque fois qu'un projet est étudié, on doit tenir compte des éléments de dépense de vapeur, du système du battage à adopter et de la puissance des machines que l'on doit toujours prendre en vue d'approfondissement ou d'efforts supérieurs à ceux normalement prévus, dans une proportion très grande et qui peut même doubler. Toute précaution contre les accidents est des plus importantes, et une surveillance de tous les instants est nécessaire pour assurer le résultat. Une faute d'un ouvrier au frein ou à la manœuvre de la sonde peut entraîner des travaux de réparation de plusieurs années; aussi leur choix est capital et ces travaux, ordinairement de longue haleine, sortent des entreprises courantes, et je ne signale que pour mémoire les puits artésiens de Paris, Grenelle, de la raffinerie Say, de la Butte-aux-Cailles, exécutés par la maison, et celui de Passy à l'historique duquel il faut se reporter pour connaître les difficultés à vaincre.

Le gouvernement argentin, encouragé par les résultats obtenus en France, a confié à la maison la construction d'outillage en vue d'exécuter des travaux semblables, mais à plus faible section, et cette tentative a été couronnée de succès; un premier puits dépassant 600 mètres, établi près de San Luis, a donné des eaux douces jaillissantes. Il a été exécuté par un maître sondeur de la maison sous la surveillance des ingénieurs du gouvernement. La pl. XXX représente une installation de ce genre.

PLANCHE XXXI

Un mode de sondage employé dans les mines, mais presque abandonné pour les recherches d'eaux jaillissantes par suite de la difficulté de découvrir les nappes rencontrées, est celui dit de Fauvel. Il est basé sur l'injection de l'eau dans l'intérieur d'une sonde creuse mue par les procédés ordinaires, fig. 1 et 2, mais fermée à son orifice supérieur. Le trépan porte des évents latéraux qui permettent à l'eau de chasser jusqu'au sol, par l'espace annulaire, les débris des couches brisées, et avec de petits diamètres 10 à 15 cent., on obtient encore de bons résultats.

L'examen de ces débris indique la nature des couches traversées.

Quand des sables sont rencontrés, un tubage est descendu; on y pompe les sables avec l'outil fig. 6, le tubage vient faire cette traversée et, après le passage de la couche, on recommence avec les trépans de plus faible diamètre.

Si l'eau est rare, on peut la recueillir, la faire décanter et s'en servir à nouveau pour l'injection ; une dépense de 60 litres par minute suffit pour des sondages de 10 à 12 cent. de diamètre.

COUPES. PLANCHE XXXII à XXXV

Ces coupes sont la figuration géologique des couches des terrains traversés par la sonde; quand on peut supputer la nature de ces couches, leur puissance et le résultat à obtenir, on détermine le mode de tubage, sur toute la hauteur pour les eaux artésiennes, et l'on cimente afin d'éviter les déperditions dans les couches supérieures.

Dans ces dix forages, les eaux s'élèvent au niveau du sol et à des altitudes variables, suivant la pression des nappes, mais souvent très grandes. Ainsi, le niveau statique du puits de Sully est près de la cote $+ 140^m$, et celui des eaux des sables verts, à Paris, est voisin de la cote $+ 100^m$. D'avance, il n'est pas possible de dire qu'un puits qui jaillit avec un grand débit s'élèvera à une cote déterminée, à moins d'exemples voisins, et souvent il peut baisser pour bien des causes; mais c'est aussi ce débit qui ne peut être prévu et qui donne lieu à bien des suggestions, si l'on a inconsidérément pris un engagement semblable.

Dans le puits du château d'Eu, deux nappes sont recueillies, l'une par un tube central, l'autre par l'extérieur du même tube, et ces deux nappes sont conduites séparément jusqu'au sol pour éviter de se contrarier et de voir l'une obstruer l'autre d'une vitesse différente pour les sables qu'elle peut rejeter.

Les puits récemment exécutés à l'oued Melah, près de Gabès, et dont le premier a été foré en 1881, méritent une attention spéciale. Bien que conduits à de faibles profondeurs, ils donnent au sol un débit si considérable qu'il a été reconnu nécessaire, pour en assurer la durée, de le diminuer en levant le tubage et d'amoindrir ainsi la vitesse de l'eau dans la colonne; des blocs pesant jusqu'à 12 kil. étaient lancés par le tube central et les couches supérieures tendres étaient atteintes et s'éboulaient à leur tour. C'est à ces puits qu'est due la réussite des magnifiques oasis de la Compagnie des ports et oasis des Chotts tunisiens qui s'est fondée avec juste raison sous les auspices de M. Ferdinand de Lesseps pour transformer rapidement cette partie du littoral.

Les deux coupes des puits de Grenelle et de la raffinerie C. Say figurent les différentes couches des puits artésiens de Paris. La couche des sables verts a été explorée dans celui de la raffinerie C. Say jusqu'à 600 m. et a découvert trois nappes jaillissantes. C'est encore aujourd'hui le plus puissant des puits de Paris, malgré son faible diamètre, et la durée de son exécution n'a été que de quatre années.

CONSIDÉRATIONS GÉNÉRALES

Je terminerai cette description des outils de sondage par des considérations générales sur les différentes phases d'un sondage dans des conditions ordinaires et l'application successive de chacun des outils usuels.

L'établissement de l'appareil à l'endroit où l'on veut sonder doit être solide et tel qu'on n'ait pas à le déplacer pour pouvoir ensuite continuer le forage. Il y a bien peu de chances que le même centre en soit observé et que le trou ne soit pas dévié de sa verticale. Cette verticalité doit être maintenue pendant tout le travail, sous peine des plus grands inconvénients et même d'impossibilité de continuer le travail. Ainsi, quand un trou est dévié, il faut le redresser, soit avec un alésoir prolongé par un tube, soit en remblayant avec des corps durs ou du ciment et opérant à nouveau un battage au trépan.

La vérification de la verticalité s'opère ordinairement avec un cylindre d'un diamètre inférieur de quelques centimètres à l'outil foreur et d'une longueur de plusieurs mètres ; s'il descend et tourne librement, le forage est dans les cas ordinaires suffisamment vertical pour être continué, malgré les inflexions des parois.

Le trou est obtenu quelquefois difficilement rond ; aussi dans des roches fissurées, on l'arrondit au moyen d'alésoirs. Quand l'opération au trépan ne suffit pas, c'est par une série de courses verticales que l'on opère avec toute la sonde, comme dans le cas de déviation précitée.

Tous les soins que l'on peut apporter pour éviter les accidents sont nécessaires pour assurer la bonne marche du travail; les complications surviennent souvent par suite d'accidents, sans compter la réparation qui n'est pas toujours simple.

Un bon chef de chantier doit donc exiger de ses ouvriers une exécution stricte des manœuvres qu'il commande et pouvoir compter sur leur attention dans les opérations qu'il entreprend.

La conservation des échantillons sortis du trou et leur choix parmi les détritus ne doit pas être fait à la légère. Pris ordinairement à la base de la cuiller, on les place dans des boîtes à compartiments numérotés de 6 à 7 centimètres de côté, l'on a soin de les noter sur la feuille où est relevée leur nature, leur profondeur et leur épaisseur. On peut aussi les renfermer dans des sacs ou bocaux hermétiquement fermés, suivant les cas.

Enfin de toutes les opérations faites en sondage un journal est tenu où figurent la profondeur, l'approfondissement de chaque frappe, les niveaux d'eau et la description des outils que l'opérateur juge nécessaires pour attaquer le terrain.

1° Etudes superficielles ou de faibles profondeurs jusqu'à 20 ou 30 m.

On opère dans ce cas au moyen de sondes légères qui doivent être facilement transportables quand les déplacements sont fréquents; barres de 22 millim. carrés et 27 millim. quand le sol est plus dur. Les séries de 70 millim. et 90 millim. avec tubes de $0^m,12$ et $0^m,08$ sont ordinairement employées Une fois le tube conducteur bien verticalement posé et calé on opère le battage au trépan avec toute la sonde, puis le nettoyage à la cuiller en la descendant à l'extrémité de la même sonde, soit en tournant quand il s'agit de la cuiller à mouche qui doit remonter des marnes ou des calcaires tendres délayés, soit en frappant avec la cuiller à gobelet comme avec le ciseau, quand le terrain est sableux ou composé de roches très dures. Si le terrain est ébouleux on doit tuber et faire suivre les tubes en les moutonnant, en les poussant aux vérins et en élargissant au-dessous, ou mieux en les arcansant à l'aide d'un assez long levier après les avoir convenablement chargés. Quand ils résistent, on introduit une deuxième colonne plus petite, si le terrain éboule encore, dans laquelle on travaille et on opère de la même façon.

Une précaution indispensable quand on doit retirer les tubes est d'éviter le scellement des tubes entre eux, soit en glaisant au pied de la première colonne, soit en empêchant tout gravier ou sable de tomber dans l'espace annulaire ; c'est surtout dans les recherches d'eaux artésiennes, quand l'eau rejette du sable, que l'on doit ne pas oublier ce détail important. Pour l'extraction des tubes on opère avec des crics ou des vérins et en s'aidant de l'appareil de sondage, d'un levier faisant abatage, et en les tournant dès qu'il est possible.

S'il s'agit d'un travail à exécuter ultérieurement à l'emplacement d'un sondage, il faut avoir soin de combler celui-ci au fur et à mesure de l'extraction du tubage avec de la glaise et du ciment, afin de ne pas permettre aux différentes nappes d'eau rencontrées de venir communiquer avec le travail ultérieur.

Si on opère dans une excavation ou puits, il suffit de guider la sonde sur la hauteur de ce puits, soit par un tube en tôle, soit même par une caisse en bois convenablement établie et laissant le passage des tubes et outils suivants.

Dans ce matériel d'études un trépied ou une petite

bigue légère suffit pour le relevage de la sonde qui se fait même quelquefois à bras quand le sondage va peu profondément.

Les outils raccrocheurs usités pour ces appareils consistent en une petite douille filetée ou une caracole ordinaire.

Quand il s'agit d'atteindre 30 mètres et plus, on n'a qu'à commencer le trou de sonde avec une série plus grande ; les sondes de 27 millim. sont couramment employées avec des tubes de 16, 12 et 8 centimètres.

2° *Sondages atteignant et dépassant 100ᵐ de profondeur*

Dans les cas d'un sondage plus profond dépassant 100 mètres, par exemple, on emploie encore de plus grands outils ; pour des recherches d'eaux et de mines, on opère à 25 et 30 millim. de diamètre et en sondes de 35 ou 40 millim. Il est toujours bon de commencer le trou de sonde avec un diamètre plus grand afin de parer à tout accident de rupture ou d'obtenir le meilleur résultat ; un accident de sonde peut nécessiter un élargissement du forage pour travailler au dégagement des outils coincés, comme il arrive parfois dans des terrains inégalement durs ou fissurés ; d'autres fois, la rencontre d'une couche de sable peut aussi modifier la position du tubage sans en permettre la continuation dans les conditions primitivement prévues.

Les tubages pour la protection des couches ébouleuses ou pour l'obtention des eaux n'ont généralement entre eux qu'un faible croisement, sauf pour le cas de sables ascendants où des croisements de plusieurs mètres sont indispensables ; mais il est imprudent de laisser dans un sondage une solution de continuité au tubage, celui-ci pouvant s'incliner au point de ne plus permettre la verticalité et même d'obstruer le passage des outils.

Dans ces cas de tubages télescopiques et économiques, les extrémités des tubes sont garnies de frettes, soit en tôle ou en fer, ou même quelquefois évasées à la tête pour permettre l'entrée des outils et leur direction dans des colonnes de diamètres notablement inférieurs.

C'est dans des sondages aux diamètres de 25 à 30 c. et de 40 à 50 m. qu'à la sonde rigide est substitué le battage à la chute libre qui peut s'effectuer avec le treuil de manœuvre des appareils, ou avec une bascule convenablement équilibrée par des contrepoids, mue à bras ou mécaniquement. La partie chutante se compose de lourdes barres chargeant le trépan et le poids mort peut être réduit à sa plus simple expression par des barres légères, 22 à 27 millim. Cependant quand on opère avec une seule sonde, ce qui est le cas le plus général, il est préférable d'employer des barres de 35 et 40 millim. pour pouvoir profiter de leur rigidité en cas d'accident. Les différents types d'appareils en fer (3 et 4) conviennent fort bien à ces sondages. On peut les remplacer par des pylônes en bois bien entretoisés, au sommet desquels on place les poulies de chèvre et de cabestan; le treuil est indépendant et se fixe sur le sol; il peut être mû à bras ou par un manège, ou par un moteur quelconque.

Une disposition adoptée à Gabès consiste en un manège démontable, mû par chevaux ou chameaux, à double vitesse, et mis à l'abri des sables par un couvercle hermétique.

Ce manège commande l'arbre d'un treuil spécial, également démontable par fraction de faible poids, portant deux chaînes s'enroulant en sens inverse sur le tambour et actionnant deux poulies dont l'une monte pendant que l'autre descend, de façon à gagner du temps pendant le relevage de la sonde; un débrayage convenablement placé annihile le tambour et permet la transmission par chaînes Galle à un battage situé du côté opposé et donne le mouvement à la bascule pour le fonctionnement des outils à chute libre à baïonnette.

Le pylône est démontable par tronçons de 2^{m}50, renforcé aux jonctions et facilement transportable à dos de chameau comme toutes les autres pièces du treuil et du manège.

Dans des sondages de cette importance, si les transports sont faciles on peut adopter des sondes de 6 mètres de longueur au maximum et l'on creuse au besoin pour les relever un trou de manœuvre dans le sol; mais en général on ne dépasse guère 4 mètres pour la longueur des tiges de sondes et des raccords qui forment souvent tige maîtresse et deviennent difficilement maniables à de plus grandes longueurs. Avec un tubage initial de 25 à 30 c. on peut mener à bonne fin un sondage de 100 mètres de profondeur avec un diamètre final de 12 et 16 centim.

Pour les accidents à réparer, les outils, douille et caracole, suffisent en cas ordinaire; si l'on craignait, par suite de difficultés du terrain, des ruptures fréquentes, on pourrait ajouter un outil à pinces dans la composition du matériel.

3° *Sondages dépassant 100 mètres*

Enfin s'il s'agit de sondages dépassant 100 mètres, un appareil plus rigide à quatre pieds, comme celui en fer n° 5, décrit pl. XXVIII, devient nécessaire ; il porte au sommet ses poulies de câble et de cabestan, fixées solidement à deux arcades parfaitement entretoisées, les treuils sont donc indépendants; et à l'emploi des hommes pour la manœuvre doit autant que possible être substitué celui des animaux ou de la vapeur. Une longueur de barres de 6 et même de 8 mètres, soit deux barres de 4 mètres, peut être enlevée si l'on fait un trou de manœuvre, et la descente du tubage est bien facilitée par cette élévation.

Le treuil est solidement fixé au sol par des traverses et chargé ou relié par des boulons à des traverses enfouies sous le sol, de façon à n'être pas susceptible de se déplacer sous le poids de la sonde.

Quand on installe un battage avec sa transmission, il est placé du côté opposé au treuil, et dans le cas de traversée de grandes épaisseurs de sable, un cabestan est disposé en avant du treuil plus près du pylône ; il porte son câble soit en chanvre, soit métallique.

Ce câble peut être balancé mécaniquement à l'aide de la bascule à l'extrémité de laquelle il est relié par la main décrite pl. I, fig. 28, qui permet de laisser descendre le câble en suivant l'approfondissement.

Rien n'est modifié dans la manœuvre des sondes, dans le battage ou le nettoyage. Les principes précédents sont toujours appliqués. Pour le nettoyage au câble avec la cuiller à gobelet on balance celle-ci à son arrivée au fond. Cette manœuvre est surtout avantageuse pour la traversée rapide des sables fluides que le tubage protège en s'enfonçant au fur et à mesure de l'extraction du sable ; quand on suppose que la cuiller est pleine par la quantité dont elle est descendue ou par son arrêt dans l'approfondissement, on la remonte rapidement, surtout les premiers mètres, de façon à ne pas laisser le sable se reposer sur la cuiller et la coincer.

Plus le sondage devient profond, plus une visite attentive des divers organes de la sonde, soit rigide, soit au câble, est nécessaire après chaque frappe ou chaque manœuvre. De là dépend souvent la réussite du sondage en évitant une rupture que l'on peut reconnaître imminente par cet examen.

Un sondage de 150 à 200 mètres exige en terrain moyen un diamètre initial d'au moins 35 cent. et terminé à 16 ou 12 cent.; les différents tubages sont répartis inégalement suivant les besoins de protéger les couches ébouleuses ou de recueillir des nappes d'eau rencontrées dans la profondeur.

Les outils raccrocheurs qui accompagnent ces sondes sont toujours les eônes taraudés, une caracole et un outil à pinces.

Si l'on prévoit pendant le forage que l'on rencontrera des eaux jaillissantes, ce qui se constate souvent dans un relèvement du niveau statique, il faut employer toute son attention à maintenir les couches tubées et à ne pas engager d'outil cylindrique susceptible d'être calé par les sables rejetés par le sondage, qui serait ainsi compromis à jamais ; un isolement immédiat, obtenu par un coulage de ciment, empêche les eaux de se répandre à l'extérieur et les force à passer par le tube, et, pour le faciliter, on abaisse, soit par un siphonnage, soit par un pompage dans le tube central, le niveau de l'eau qui ne coule plus par l'extérieur des tubes, et le ciment Portland ou un béton très liquide de sable fin et de ciment lourd vient former l'isolement recherché.

Il serait facile de s'étendre avec plus de détails sur ces questions de sondage ; je me bornerai à ces principes généraux qui suffisent pour une installation simple d'un forage, les cas particuliers exigeant ordinairement la mise en route par un chef ouvrier sondeur qui, par sa pratique et son habileté, parviendra à réaliser une économie sensible sur les prix d'installation, et formera au besoin des équipes parmi les travailleurs intelligents qu'il prendra sous ses ordres.

NOMENCLATURE DES PLANCHES

PLANCHE 1

1.2	Barres de sonde.
3.4	Emmanchements de sonde droite ou gauche.
5	Boîtes de sonde.
6	Emmanchement fixé par un manchon.
7.8.9.10	Emmanchements à tenon.
11	Sonde d'exploration dite « de Palissy ».
12	Tige à œil.
13	Agrafe de relevée à anse.
14	— — à touret.
15	— — dite « pied de bœuf ».
16	Agrafe à œil.
17	— plate de manœuvre.
18	Tourne-à-gauche double.
19	— — à vis de pression.
20	— — simple.
21	— — à dévisser.
22	— — de manœuvre.
23	— — de support.
24	Détente.
25	Fer double.
26	Emmanchement à fourche pour câble.
27	Couvercles pour conducteur à pattes.
28	Main de serrage pour battage au câble.

PLANCHE 2

1.2	Trépan à joues, ordinaire.
3	Profil de trépan monté avec lames repasseuses.
4.5.6	Trépan droit.
7.8.9.10 11.12.13.14.15	Trépan à 4 lames composé.
16.17	Lames du trépan ci-dessus.

<table>
<tr><td>18.19.20.21</td><td>Trépan pour grand diamètre avec lames amovibles.</td></tr>
<tr><td>22.23.24
25.26</td><td>} Trépan composé à 2 lames.</td></tr>
<tr><td>27.28</td><td>Lames dudit trépan.</td></tr>
</table>

PLANCHE 3

<table>
<tr><td>1.2</td><td>Cuiller à mouche et à clapet pour moyen diamètre.</td></tr>
<tr><td>3.4</td><td>Cuiller à piston.</td></tr>
<tr><td>5</td><td>Ciseau droit à téton.</td></tr>
<tr><td>6</td><td>— à joues à téton.</td></tr>
<tr><td>7</td><td>— à pointe de diamant.</td></tr>
<tr><td>8</td><td>Bonnet carré.</td></tr>
<tr><td>9</td><td>Ciseau droit ou plat.</td></tr>
<tr><td>10.11</td><td>Cuiller pour diluvium.</td></tr>
<tr><td>12.13</td><td>— ouverte à mouche ordinaire.</td></tr>
<tr><td>14.15</td><td>— — — de tarière.</td></tr>
<tr><td>16.17</td><td>Tarière rubanée.</td></tr>
</table>

PLANCHE 4

<table>
<tr><td>1.2</td><td>Cuiller à mouche et boulet pour petit diamètre.</td></tr>
<tr><td>3</td><td>Cuiller à gobelet et à clapet.</td></tr>
<tr><td>4</td><td>— — à boulet.</td></tr>
<tr><td>5.6</td><td>— à clapet à tige et à ciseau pour moyen diamètre.</td></tr>
<tr><td>7.8</td><td>Cuiller à ciseau et à boulet pour petit diamètre.</td></tr>
<tr><td>9.10</td><td>Cuiller à boulet et à mouche de tarière pour petit diamètre.</td></tr>
</table>

PLANCHE 5

Trépan composé à 6 lames pour grand diamètre. Type de la Ville de Paris. *Butte-aux-Cailles.*

PLANCHE 6

1.2	Trépan composé à 4 lames.
3	Disposition du trépan pour élargissement. Type de la Ville de Paris. *Butte-aux-Cailles*.

PLANCHE 7

1.2	Cuiller composée démontable pour petit diamètre.
3.4	Cuiller à clapet et à bascule.
5.6	— — et à compartiments pour grand diamètre.

PLANCHE 8

1.2	Tire-bouchon à une branche.
3	— à deux branches.
4	Outil raccrocheur à griffes.
5.6	Caracole.
7	Douille ou cône taraudé.
8.8 *bis*.	— démontable avec rallonge.
9.10.10 *bis*.	Outil à pinces et à coins.
11.12	— — et à trébuchet.
13.14	Tampon en fer accroche-tube.

PLANCHE 9

1.2	Outil extracteur à mordaches.
3	Mordaches pour extraction.
4	— à grain d'orge pour lumière verticale.
5	Taraud extensible à coins.
6	— ordinaire.
7.8	— à bois.
9	Outil aléseur pour tubages en bois.

10   Coupe-tube à ressort à deux branches.
11   —   à une branche.
12.13.14.15.16 Fraises pour tubages.

PLANCHE 10

1   Emmanchement de tubes à goujons taraudés.
2   Tarauds aléseurs pour emmanchement de tubes.
3.4   Suspension de tubes par taquets.
5   Emmanchements de tubes en bois.
6   Tubage cylindrique à doubles parois, lisse intérieurement avec rivets fraisés.
7   Tampon conique pour joints.
8   Ajustements de tubes rivés à vis.
9   Tubes en fonte filetés.
10   —   à tulipe.
11   —   taraudés lisses.
12   —   —   et à manchons.
13   —   fer creux, avec manchons filetés pour études.
14   Tube composé en grès et tôle avec isolant pour eaux acides.
15   Virole à anse pour tubes à vis.
16   Emboutissoir lisse pour tubages en cuivre.
17   Tampon en bois et sa tige.
18   —   en fonte cannelée.
19   —   à tige pour petit diamètre.
20   Collier à branches pour tubes à vis.
21   Redresseur à galets.
22   Rivoir à coins pour tubes.

PLANCHE 11

1   Disposition pour cimentage entre 2 tubes.
2   Ciseau élargisseur à tige.
3   —   —   à coins.

4	Alésoir cylindrique.
5	— conique.
6	— à grain d'orge pour tube en bois.
7	Ciseau à une joue, élargisseur pour petit diamètre.
8	Cuiller à bois.
9	— et à charnières.
10	Caracole articulée-élargisseur montée sur barre.

PLANCHE 12

1	Outil découpeur à frette.
2.3	— à lames.
4.5	Outil extracteur à baïonnette.
6	— à coins.
7	— pour petit diamètre.

PLANCHE 13

1	Outil gratteur-vérificateur pour couche de houille.
2.3.4	Outil pour déterminer le pendage des couches de terrains.
5.6	Désensableur pour puits artésiens jaillissants.

PLANCHE 14

1	Installation du battage de la frette à 4 vis.
2.3.4	Outil à chute libre à baïonnette.
5.6	Disposition d'outil avec le trépan.

PLANCHE 15

1.2.3	Outil à chute libre par réaction.
4	Lanterne guide.
5	Ensemble de l'installation pour la réaction.

PLANCHE 16

1   Outil à chute libre par point d'appui.
2   Disposition d'ensemble.

PLANCHE 17

Outil à chute libre à pression d'eau.

PLANCHE 18

Installation pour élargissement de forage à grand diamètre.

PLANCHE 19

Cylindre-batteur, pour battage à réaction. Détail et Installation.

PLANCHE 20

Installation de la descente d'un tubage à grande profondeur. Type de la « *Raffinerie Say* ».

PLANCHE 21

1.2.3   Injection de ciment sous les piles d'un pont.
4   Piston d'injection.

PLANCHE 22

1.2.3   Consolidation du viaduc du Point-du-Jour, par injection de ciment.
4.5.6   Consolidation de l'écluse de Froissy (Oise).

PLANCHE 23

1   Consolidation de l'hôpital Lariboisière.
2   — d'une maison rue Réaumur.
3.4   Cuiller à ciment et à clapet à tige.

— 55 —

5.6   Cuiller à clapet conique et à déclanchement pour ciment.

PLANCHE 24

1.2   Installation de sondage en rivière sur bateaux.

3.4   Sondes sous-marines.

5.6   Bouteille-éprouvette pour prendre échantillon d'eau à toutes profondeurs.

PLANCHE 25

Installation d'une sonde horizontale à bras.

PLANCHE 26

1.2   Treuil de sondage, mû à bras d'homme, reversible, avec double encliquetage, embrayage et battage à la chaîne Galle.

3   Treuil de sondage, mû à bras d'homme, reversible, avec double encliquetage, sans battage.

4.5.6   Détail du double encliquetage et de l'arcade.

PLANCHE 27

1   Treuil de sondage mû mécaniquement ou à bras.

2   Cabestan mû mécaniquement et à bras.

PLANCHE 28

Appareils de sondage en fer, démontables, pour les mines et les colonies.

PLANCHE 29

Installation de sondage à grande section et à grande profondeur.

Type du Puits Artésien de la Ville de Paris « *Butte-aux-Cailles* ».

PLANCHE 30

Installation de sondage à moyenne section
et à grande profondeur.
Type d'un Puits Artésien de la « *République
Argentine* ».

PLANCHE 31

Sondage par voie humide.
1.2 Ensemble d'installation.
3.4 Tige maîtresse et raccord.
5 Trépan.
6 Cuiller à pompe.

PLANCHE 32

Coupe de Puits Artésiens.
Puits Artésien du château de Sully-s.-Loire
(*Loiret*).
2° Gouvernement Argentin province de
San Luis; Puits artésien du Baldé.

PLANCHE 33

Coupe de Puits Artésiens.
Puits Artésien du château d'Eu (*Seine-Inf.*).
Puits Artésien du château de Palluau près
Saint-Cyr-sur-Loire (*Loiret*).

PLANCHE 34

Coupe des Puits Artésiens de la mer Intérieure Africaine, à Gabès.

PLANCHE 35

Coupe des Puits Artésiens de la Ville de
Paris « *Puits de Grenelle* ».
Raffinerie Say (Boulevard de la Gare).

Paris. — Imprimerie des Arts et Manufactures, 12, rue Paul-Lelong.

DIAMÈTRES DES SÉRIES D'OUTILLAGE COURANT

DIAMÈTRE DES TUBES EN TOLES		DIAMÈTRE DES TRÉPANS	DIAMÈTRE DES CUILLERS
EXTÉRIEUR	INTÉRIEUR LIBRE		
à vis 0.082	0.070	0.068	0.065
à goujons . . . 0.090	0.080	0.095	0.085
— . . . 0.124	0.103	0.130	0.115
— . . . 0.160	0.140	0.165	0.145
— . . . 0.200	0.170	0.205	0.185
— . . . 0.242	0.210	0.250	0.230
— . . . 0.285	0.260	0.305	0.280
— . . . 0.333	0.310	0.350	0.330
— . . . 0.380	0.360	0.400	0.370
— . . . 0.430	0.405	0.450	0.430
— . . . 0.480	0.455	0.500	0.470
— . . . 0.530	0.505	0.550	0.520
— . . . 0.590	0.555	0.620	0.590
— . . . 0.670	0.630	0.700	0.650
— . . . 0.750	0.710	0.780	0.700
— . . . 0.850	0.800	0.890	0.800
— . . . 0.950	0.900	1.000	0.900

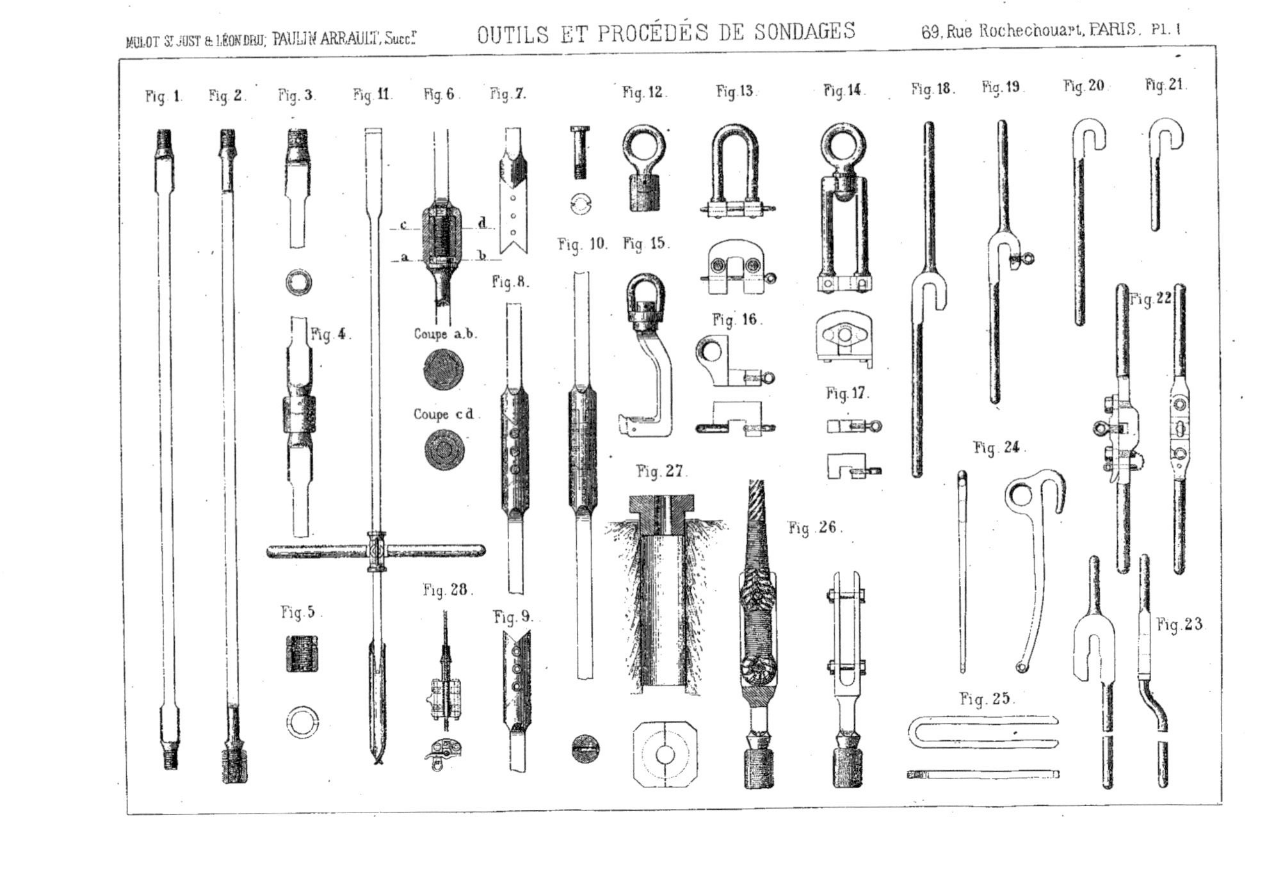

MULOT St JUST & LÉON DRU; PAULIN ARRAULT, Succr
OUTILS ET PROCÉDÉS DE SONDAGES
69, Rue Rochechouart, PARIS. Pl. 1
Fig. 1.
Fig. 2.
Fig. 3.
Fig. 11.
Fig. 6.
Fig. 7.
Fig. 12.
Fig. 13.
Fig. 14.
Fig. 18.
Fig. 19.
Fig. 20.
Fig. 21.
Fig. 4.
Fig. 5.
Fig. 8.
Fig. 9.
Fig. 10.
Fig. 15.
Fig. 16.
Fig. 17.
Fig. 22.
Fig. 23.
Fig. 24.
Fig. 25.
Fig. 26.
Fig. 27.
Fig. 28.
Coupe a.b.
Coupe c d.
a
b
c
d

MELOT ST JUST & LÉON DRU, PAULIN ARRAULT, Succr
OUTILS ET PROCÉDÉS DE SONDAGES
69, Rue Rochechouart, PARIS.
PL. II
Fig. 1
Fig. 3
Fig. 4
Fig. 5
Fig. 7
Fig. 8
Fig. 18
Fig. 19
Fig. 22
Fig. 23
Fig. 2
Fig. 6
Fig. 9
Fig. 10
Fig. 13
Fig. 14
Fig. 24
Fig. 27
Fig. 28
Fig. 11
Fig. 12
Fig. 15
Fig. 16
Fig. 17
Fig. 20
Fig. 21
Fig. 25
Fig. 26

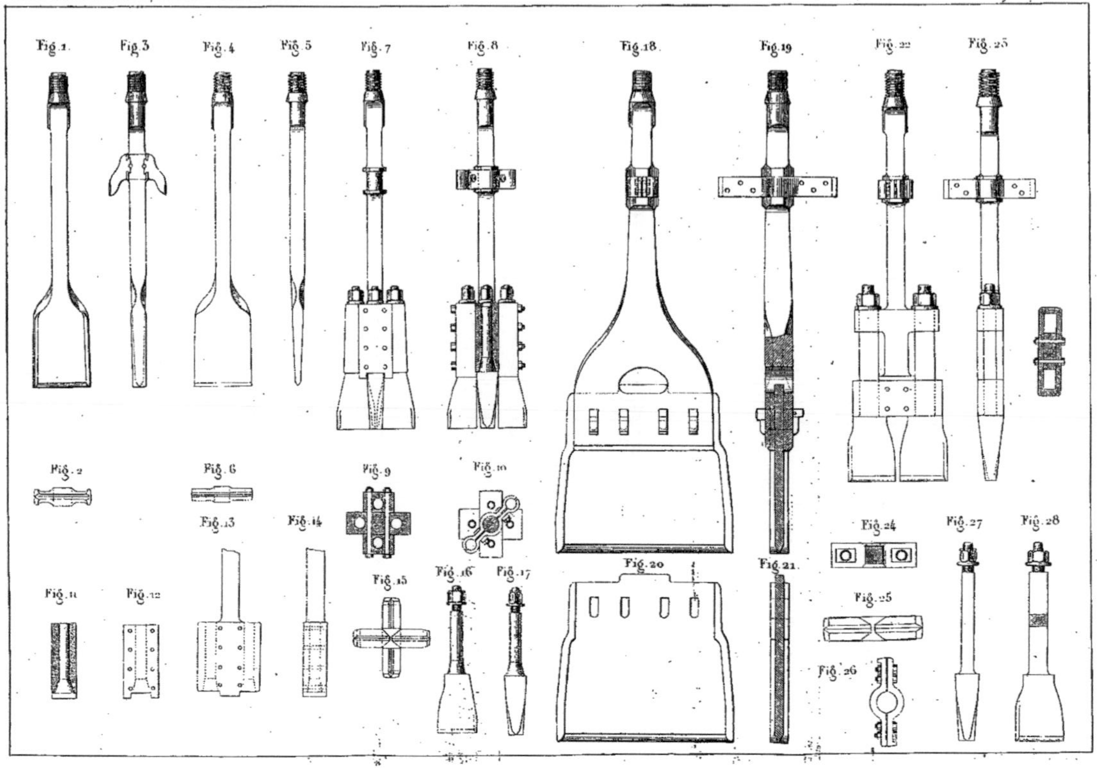

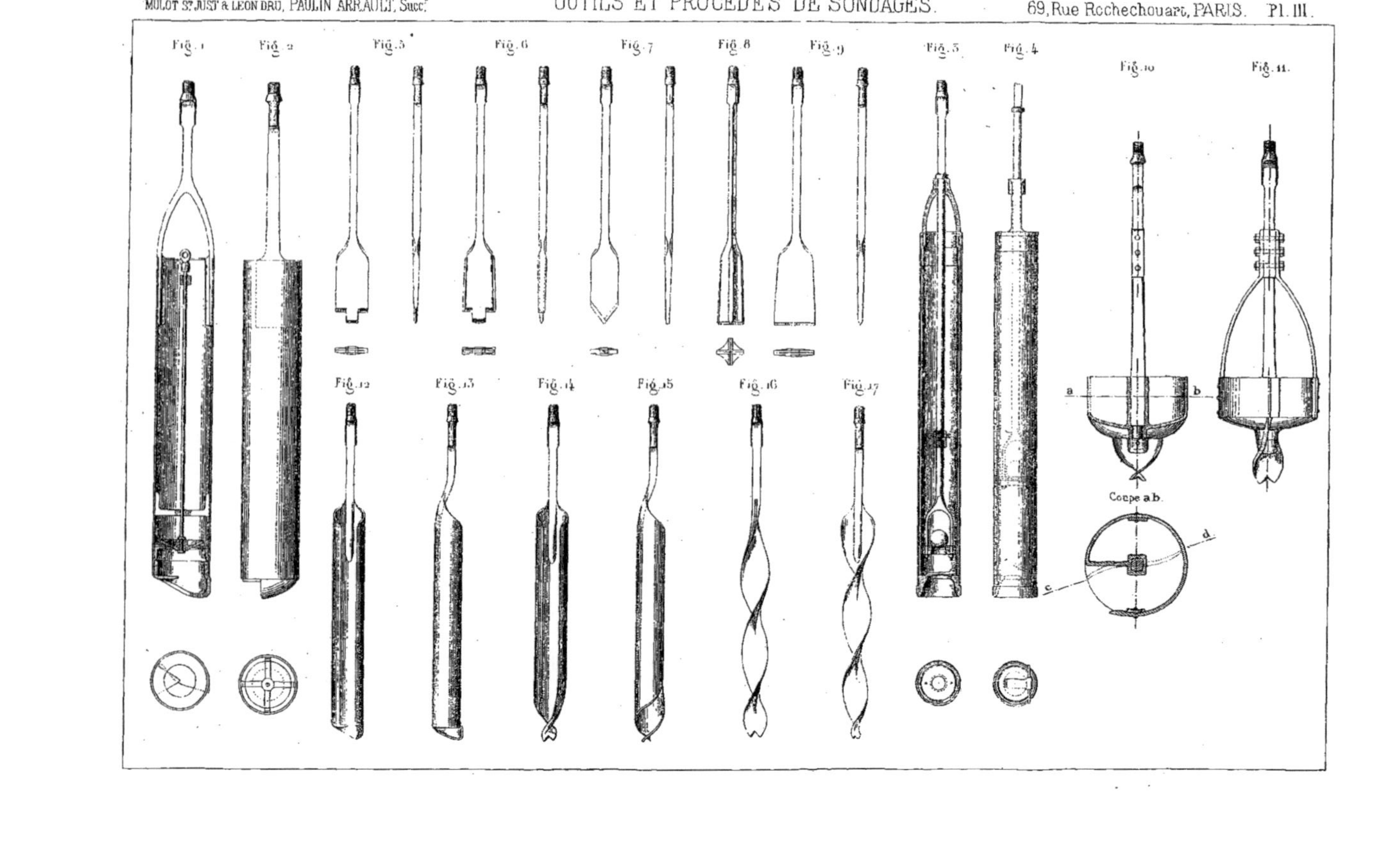

MULOT St JUST & LÉON DRU, PAULIN ARRAULT, Succr
OUTILS ET PROCÉDÉS DE SONDAGES.
69, Rue Rochechouart, PARIS.   Pl. III.
Fig. 1
Fig. 2
Fig. 5
Fig. 6
Fig. 7
Fig. 8
Fig. 9
Fig. 3
Fig. 4
Fig. 10
Fig. 11
Fig. 12
Fig. 13
Fig. 14
Fig. 15
Fig. 16
Fig. 17
Coupe a.b.
a
b
c
d

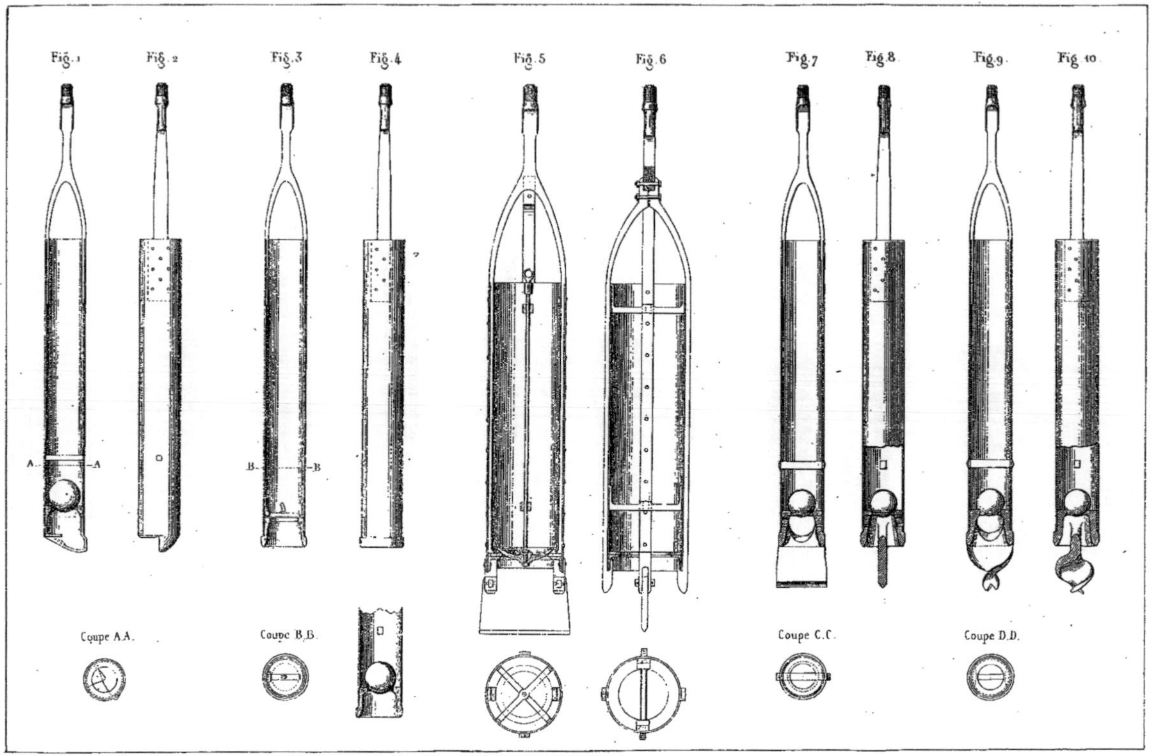

MULOT St JUST & LÉON DRU, PAULIN ARRAULT, Succr
OUTILS ET PROCÉDÉS DE SONDAGES.
69, Rue Rochechouart, PARIS.
Pl. IV.
Fig. 1
Fig. 2
Fig. 3
Fig. 4
Fig. 5
Fig. 6
Fig. 7
Fig. 8
Fig. 9
Fig. 10
Coupe A.A.
Coupe B.B.
Coupe C.C.
Coupe D.D.
A
B

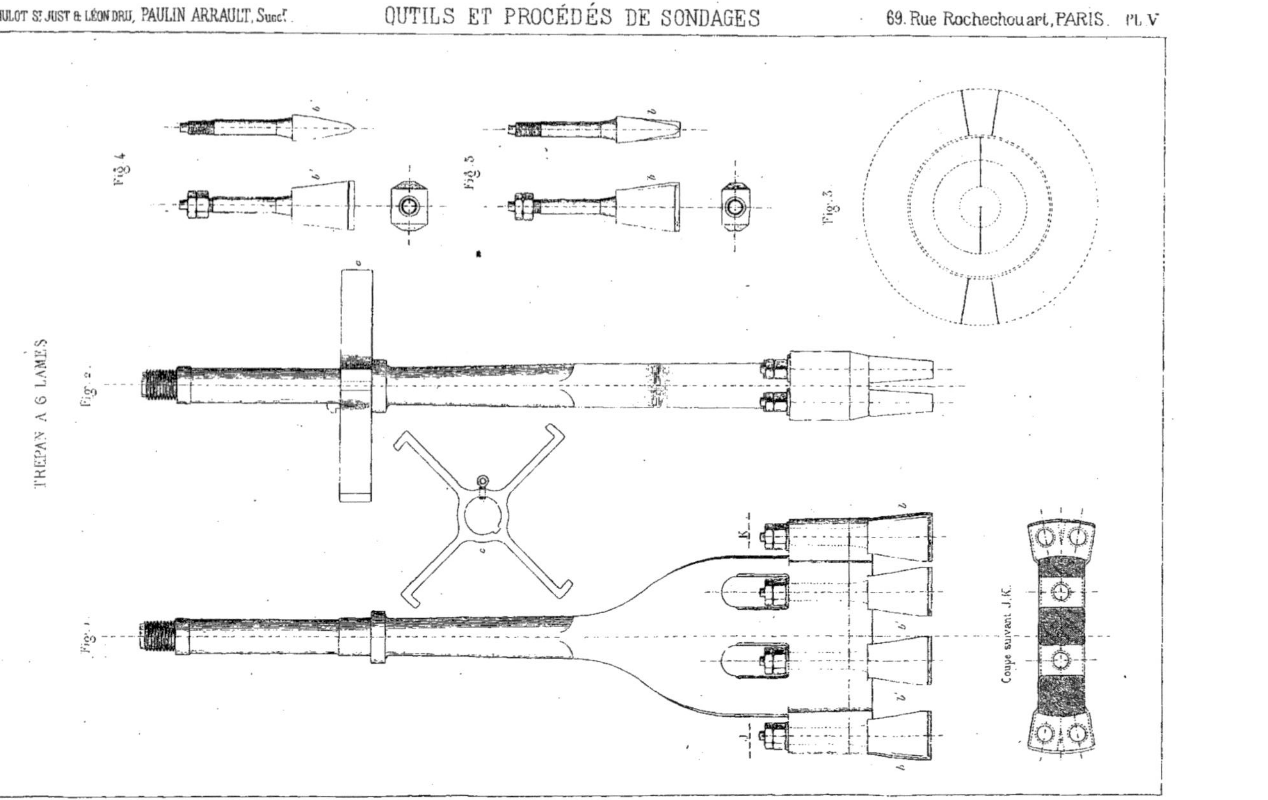

MULOT St JUST & LÉON DRU, PAULIN ARRAULT, Succr.
OUTILS ET PROCÉDÉS DE SONDAGES
69. Rue Rochechouart, PARIS.
Pl. V
TREPAN A 6 LAMES
Fig. 1
Fig. 2
Fig. 3
Fig. 4
Fig. 5
Coupe suivant J.K.
J
K

Fig. 1
Fig. 2
Fig. 3

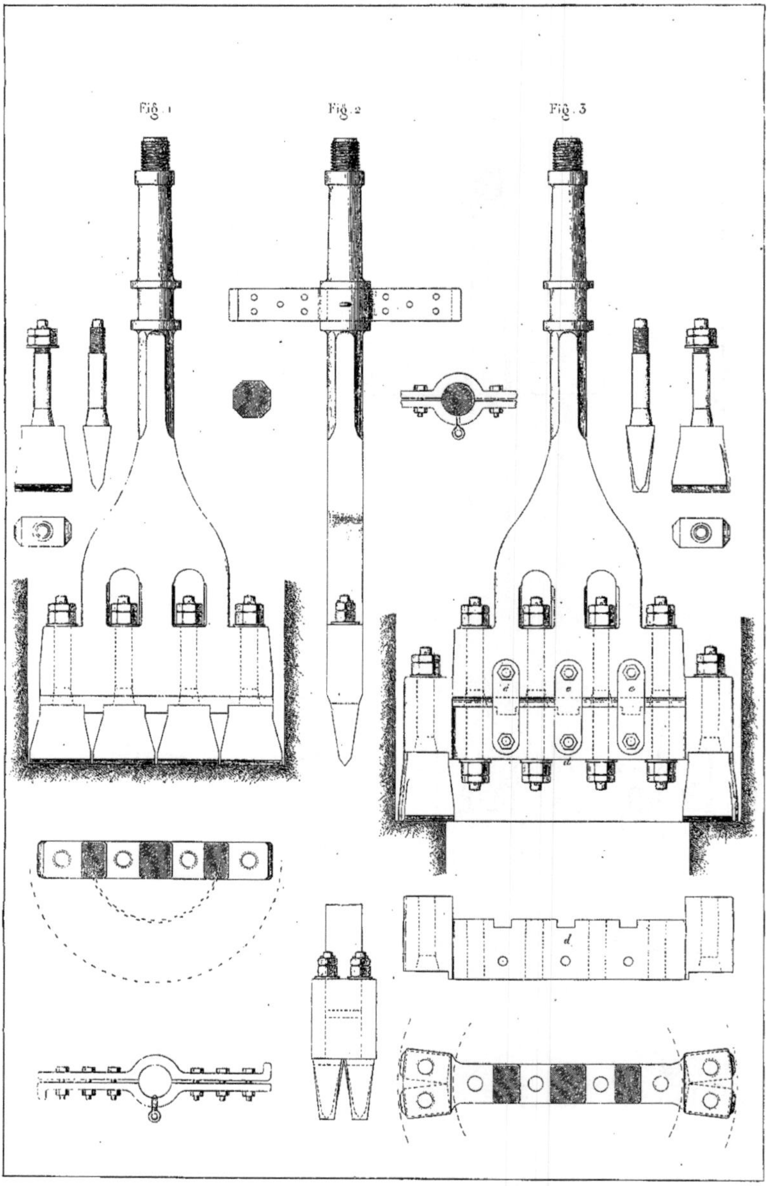

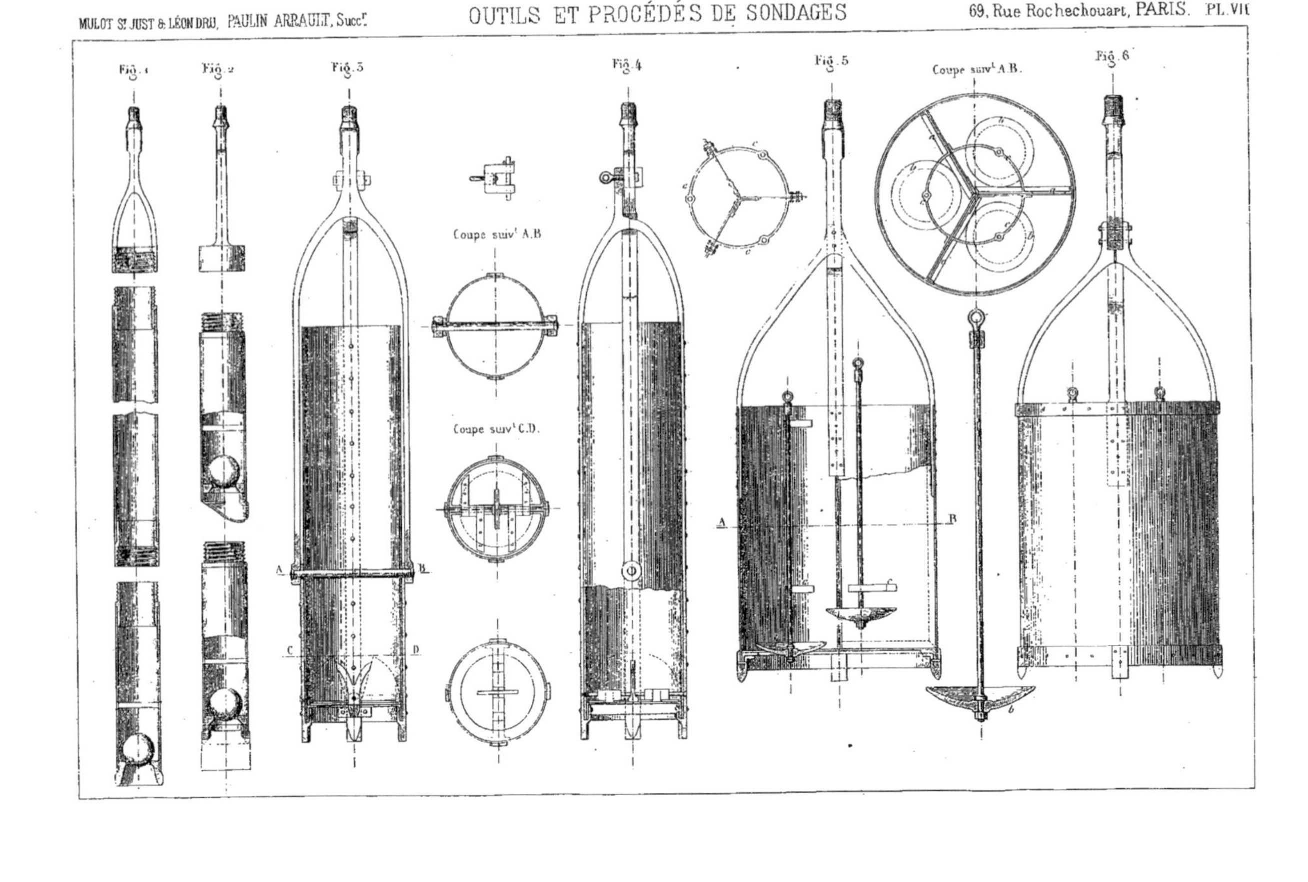
Fig. 1
Fig. 2
Fig. 3
Fig. 4
Fig. 5
Coupe suivt A.B.
Fig. 6
Coupe suivt A.B
Coupe suivt C.D.
A B
C D

Fig. 1 Fig. 2 Fig. 3 Fig. 4 Fig. 7 Fig. 8 Fig. 11 Fig. 12 Fig. 5 Fig. 6

Fig. 13 Fig. 14 Fig. 9 Fig. 10 Fig. 10 bis Fig. 8 bis

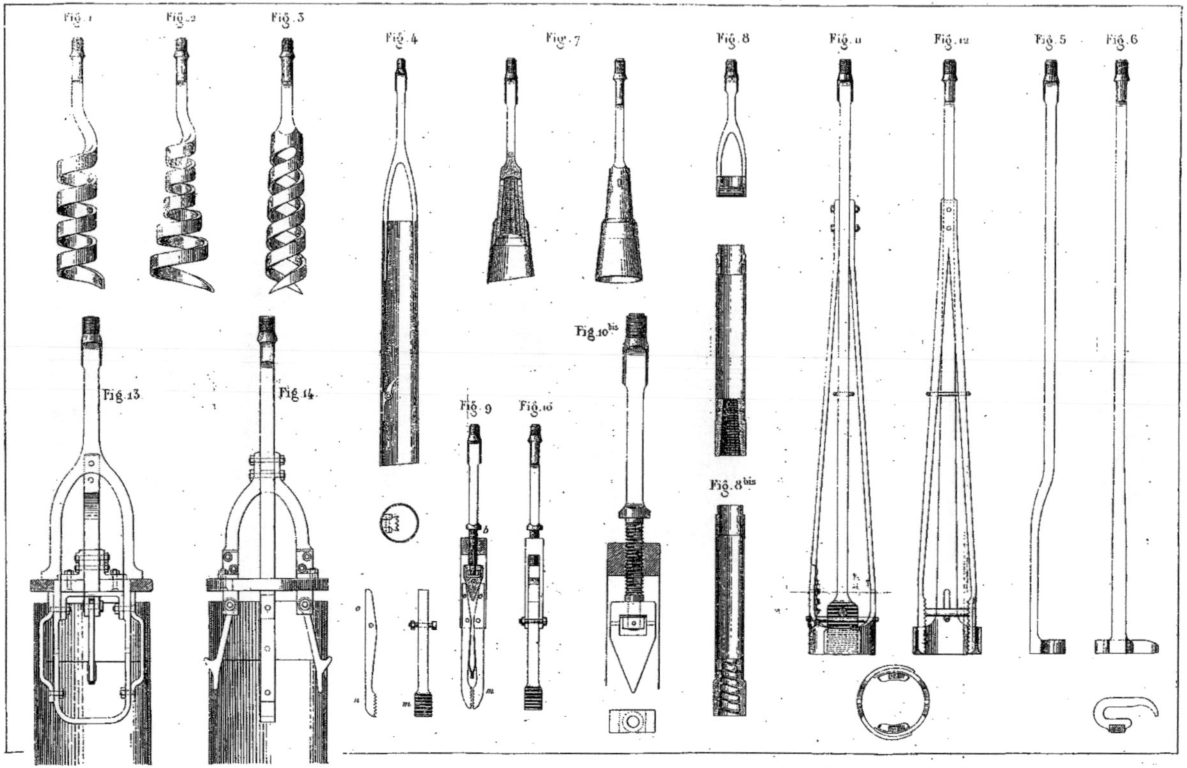

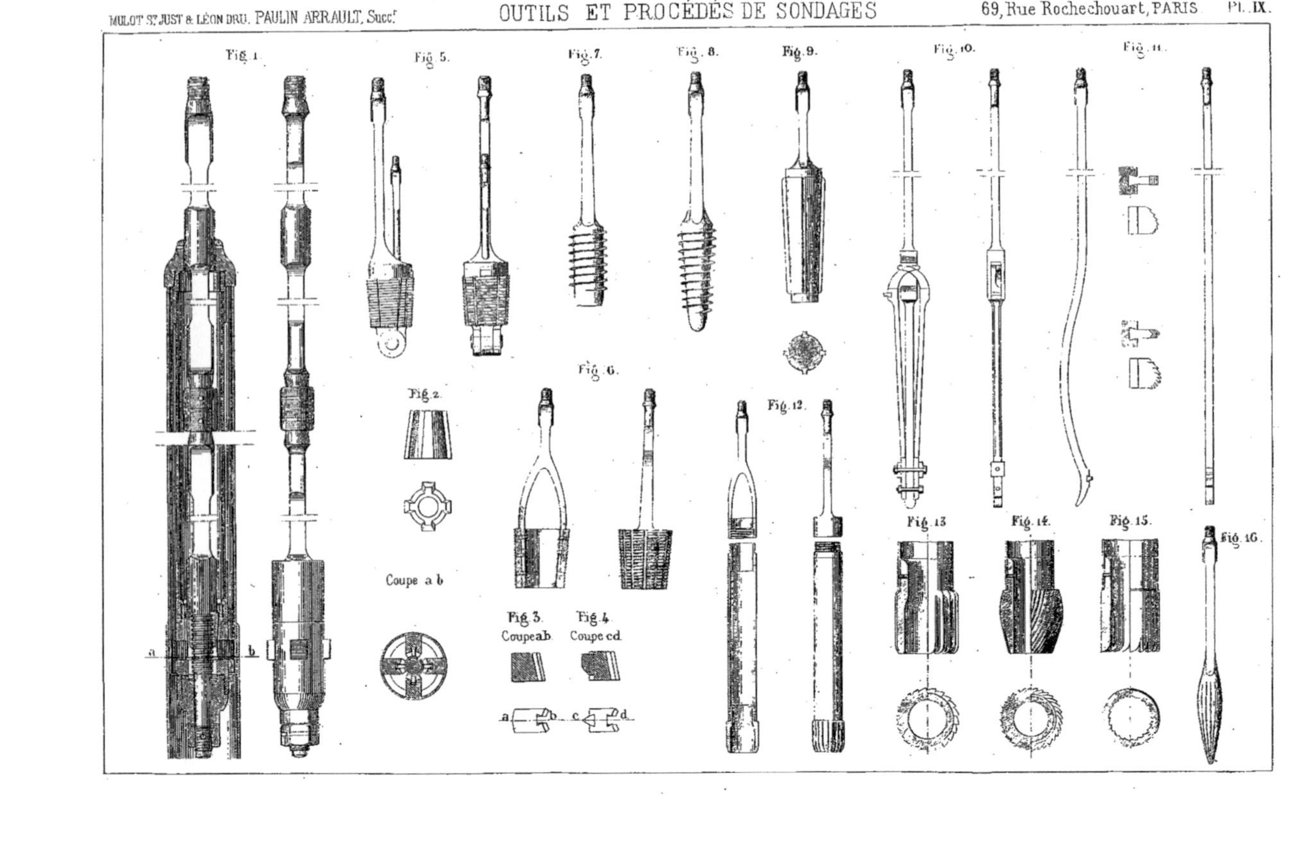

MULOT S.T JUST & LÉON DRU. PAULIN ARRAULT, Succr
OUTILS ET PROCÉDÉS DE SONDAGES
69, Rue Rochechouart, PARIS
Pl. IX.
Fig. 1
Fig. 5.
Fig. 7.
Fig. 8.
Fig. 9.
Fig. 10.
Fig. 11.
Fig. 6.
Fig. 2.
Fig. 12.
Coupe a b
Fig. 3.
Coupe ab
Fig. 4.
Coupe cd
a b c d
Fig. 13.
Fig. 14.
Fig. 15.
Fig. 16.
a
b

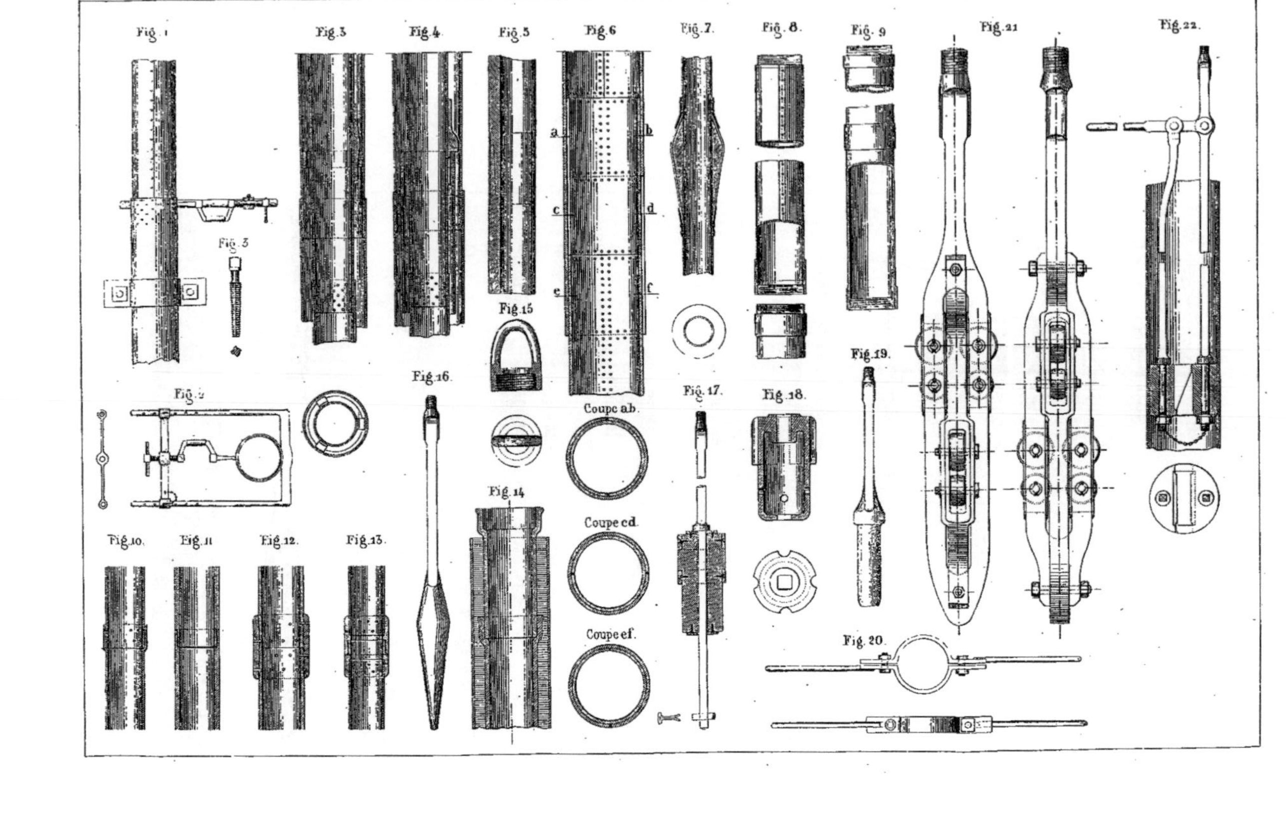
Fig. 1.
Fig. 3.
Fig. 4.
Fig. 5.
Fig. 6.
Fig. 7.
Fig. 8.
Fig. 9.
Fig. 21.
Fig. 22.
Fig. 3.
a
b
c
d
e
f
Fig. 15.
Fig. 16.
Fig. 19.
Fig. 2.
Coupe ab.
Fig. 17.
Fig. 18.
Fig. 14.
Coupe cd.
Fig. 10.
Fig. 11.
Fig. 12.
Fig. 13.
Coupe ef.
Fig. 20.

MULOT St JUST & LÉON DRU. PAULIN ARRAULT, Succr.
OUTILS ET PROCÉDÉS DE SONDAGES
69, Rue Rochechouart, PARIS
PL. XI.
Fig. 1
Fig. 2
Fig. 3.
Fig. 4.
Fig 5
Fig. 6.
Fig. 7.
Fig. 10
Fig. 8.
Fig 9.
a
b
A
B
C
D
Came.
Vue en dessous
Coupe ab
Coupe st A.B.
Coupe st C.D.

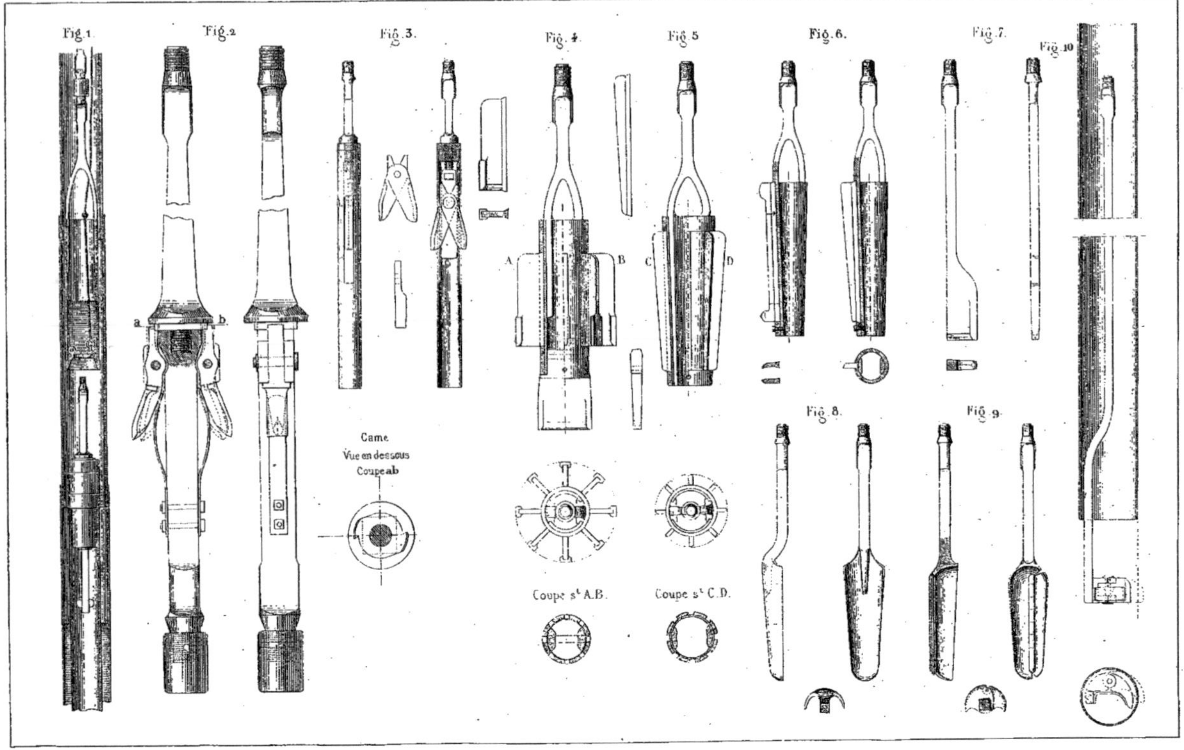

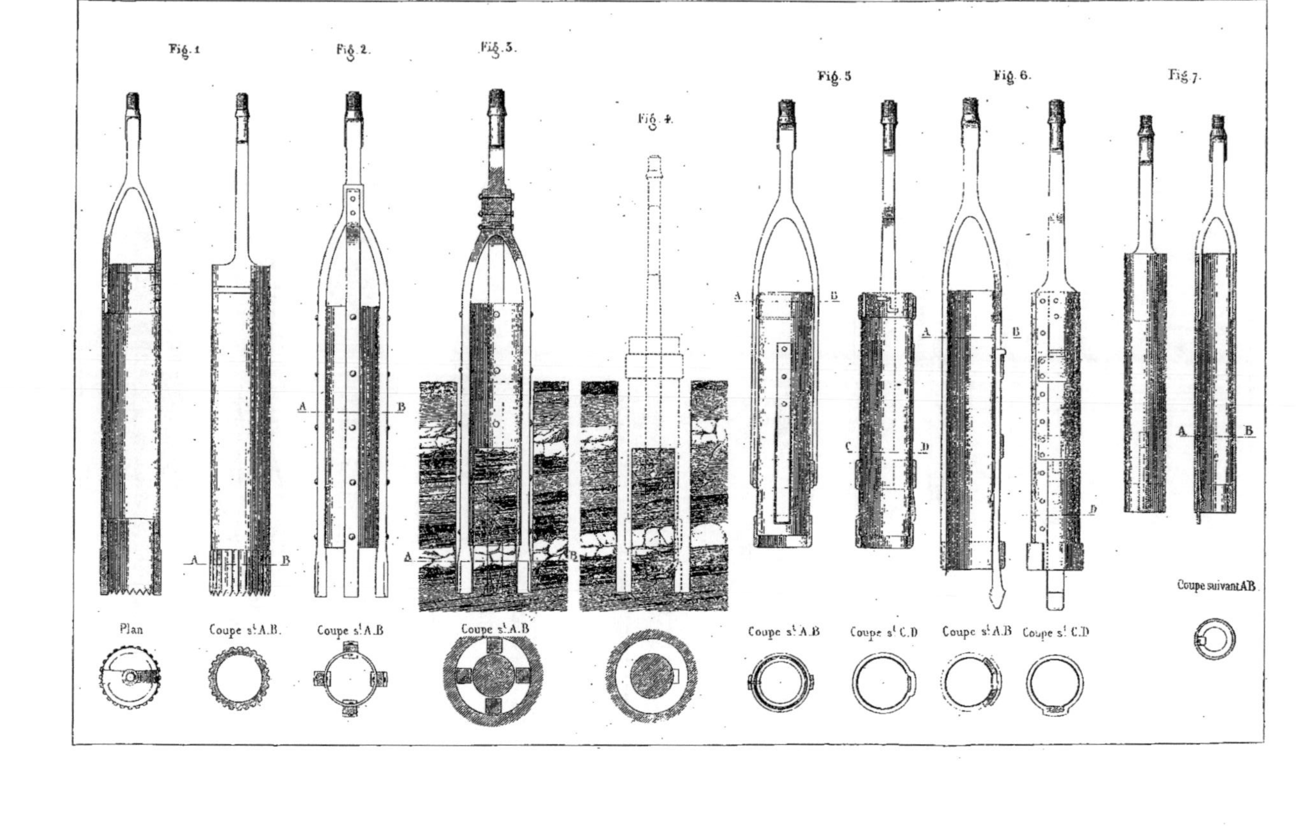
MELOT & ST JUST & LÉON DRU, PAULIN ARRAULT, Succʳ
OUTILS ET PROCÉDÉS DE SONDAGES
69, Rue Rochechouart, PARIS
PL. XII
Fig. 1
Fig. 2
Fig. 3
Fig. 4
Fig. 5
Fig. 6
Fig. 7
Plan
Coupe sᵗ A.B.
Coupe sᵗ A.B
Coupe sᵗ A.B
Coupe sᵗ A.B
Coupe sᵗ C.D
Coupe sᵗ A.B
Coupe sᵗ C.D
Coupe suivant AB

Fig. 1.
Fig. 2.
Coupe ef.
Fig. 5.
Fig. 6.
a
b
Fig. 3. Vue en dessous
Coupe ab
Coupe cd.
Fig. 4. Coupe ab.
c
f
a
b
c
d

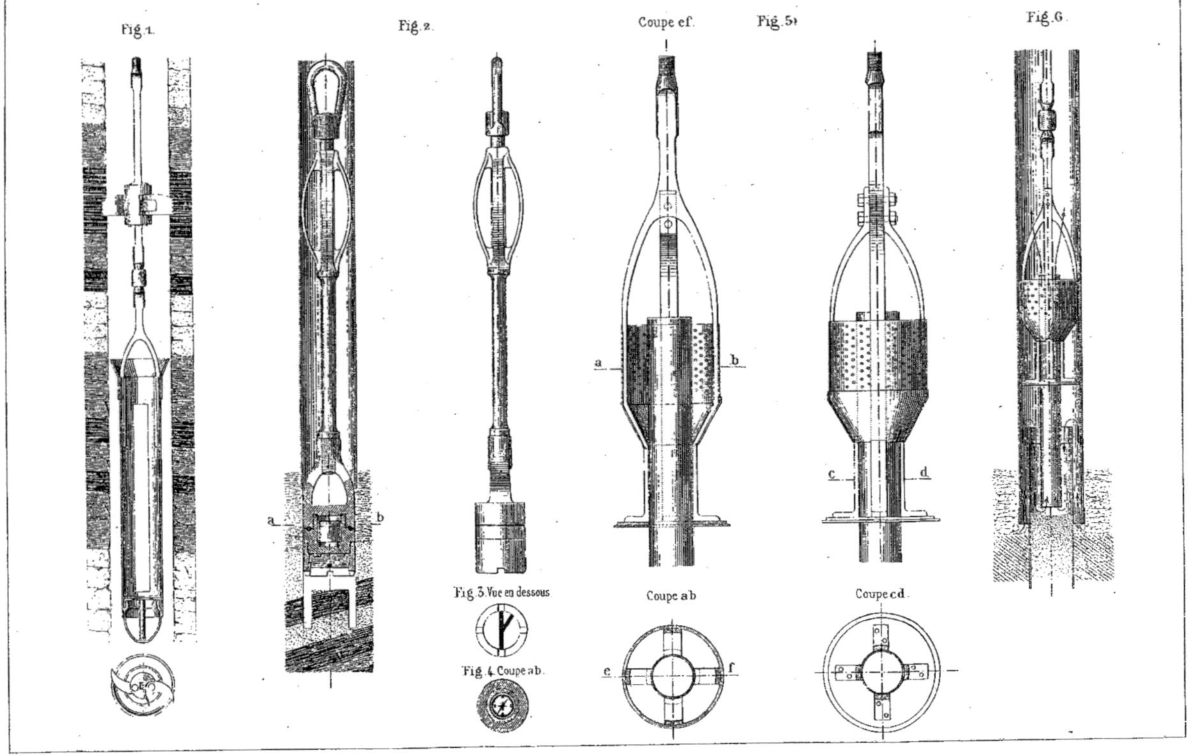

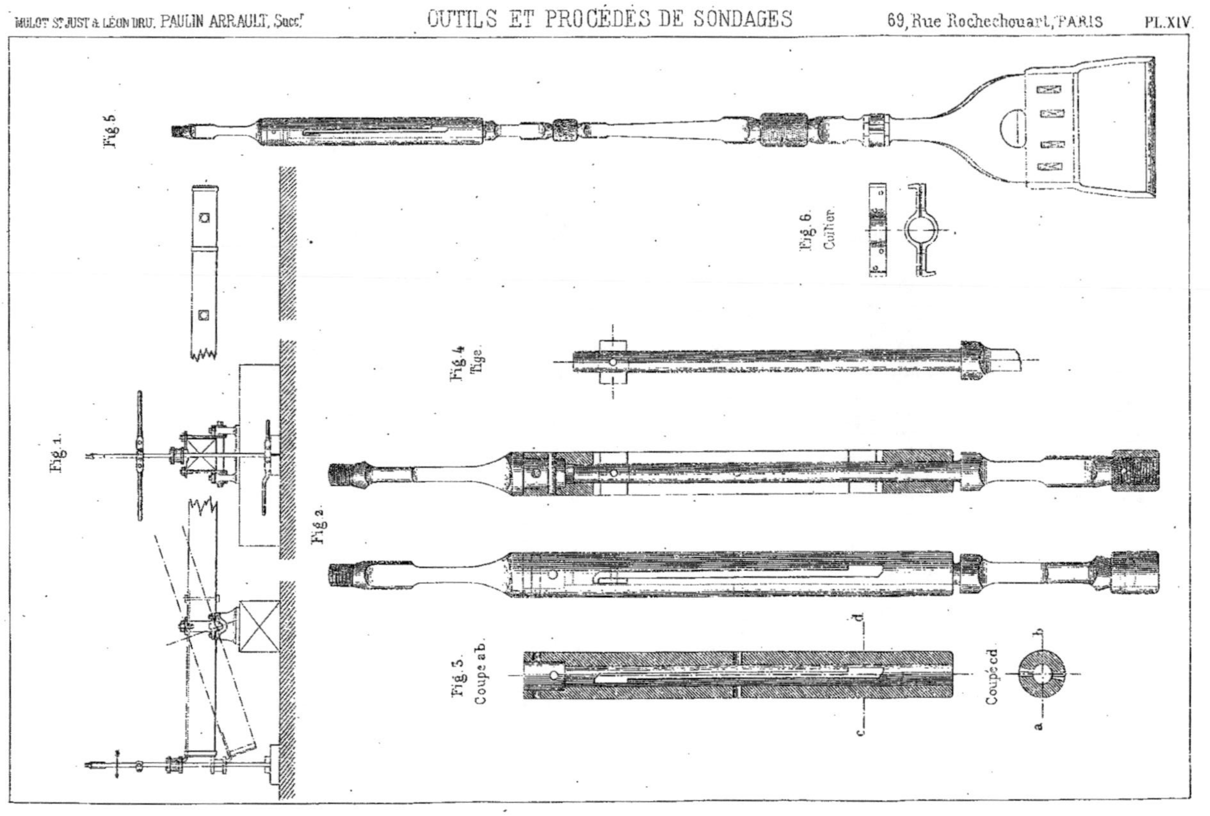

Fig. 1.
Fig. 2.
Fig. 3.
Coupe ab.
Coupé cd.
a
b
c
d
Fig. 4
Tige.
Fig. 5
Fig. 6.
Collier.

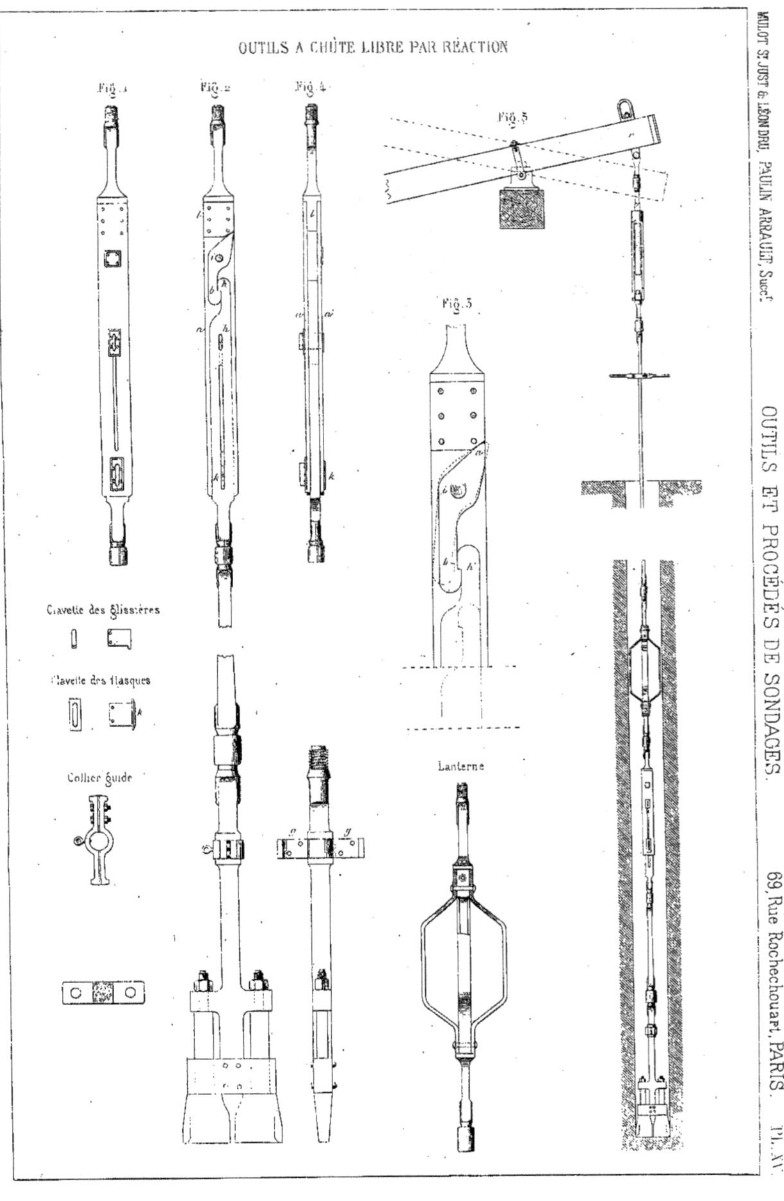

OUTILS A CHÛTE LIBRE PAR RÉACTION
Fig. 1
Fig. 2
Fig. 4
Fig. 5
Fig. 3
Clavette des glissières
Clavette des flasques
Collier guide
Lanterne
MILLOT St JUST & LÉON DRU, PAULIN ARRAULT, Sucr.
OUTILS ET PROCÉDÉS DE SONDAGES.
69, Rue Rochechouart, PARIS.
Pl. XV

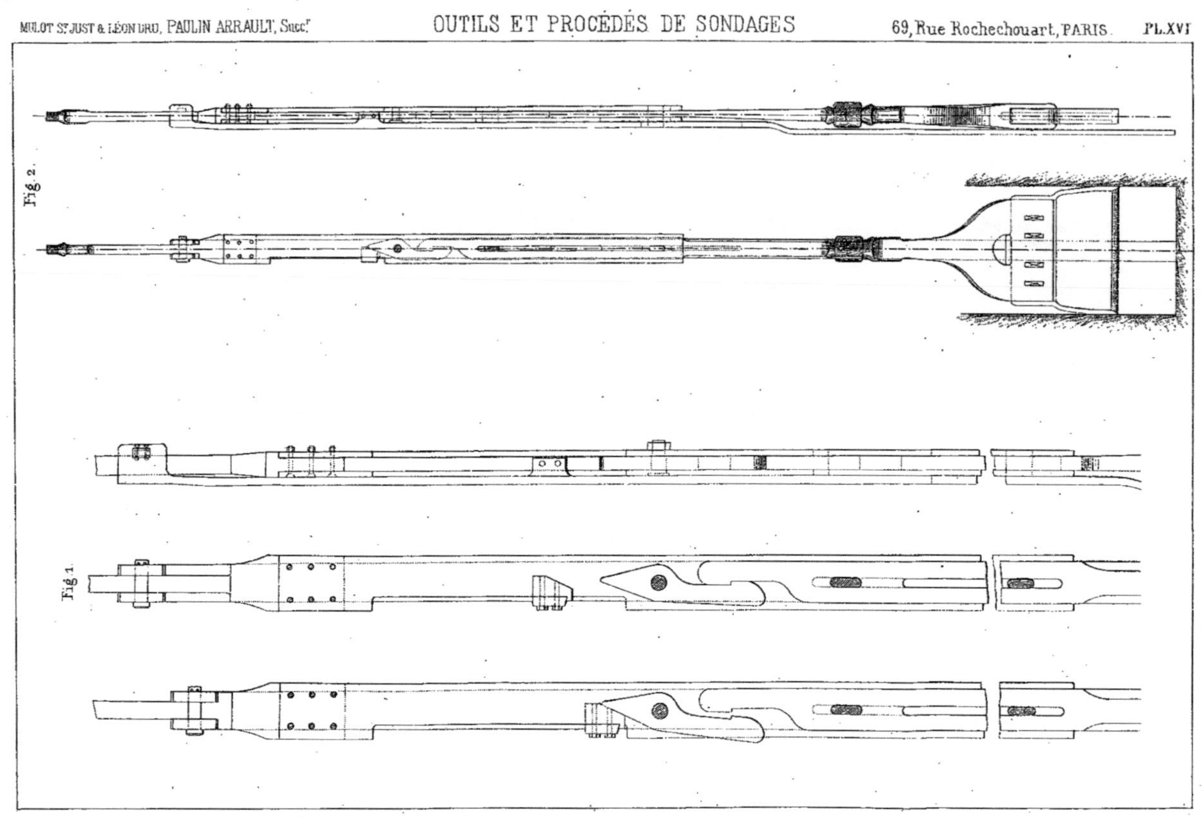

MULOT St JUST & LÉON DRU, PAULIN ARRAULT, Succr
OUTILS ET PROCÉDÉS DE SONDAGES
69, Rue Rochechouart, PARIS
PL.XVI
Fig.2
Fig.1

Fig. 1. Fig. 2. Fig. 3. Fig. 4.

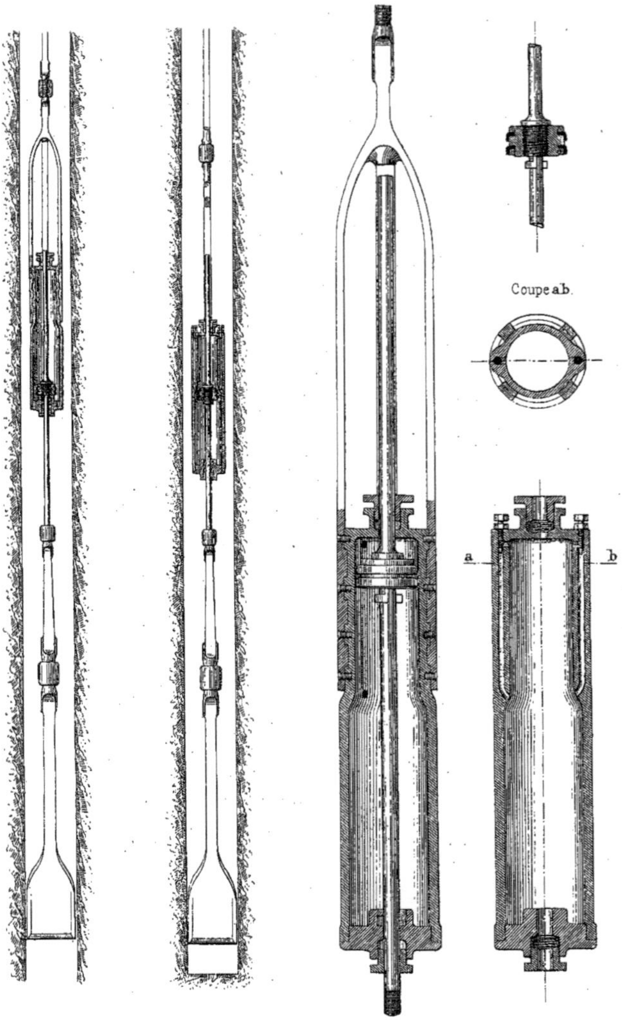

MILOT St JUST & LÉON DRU, PAULIN ARRAULT, Succr

OUTILS ET PROCÉDÉS DE SONDAGES

69, Rue Rochechouart, PARIS

PL. XVII

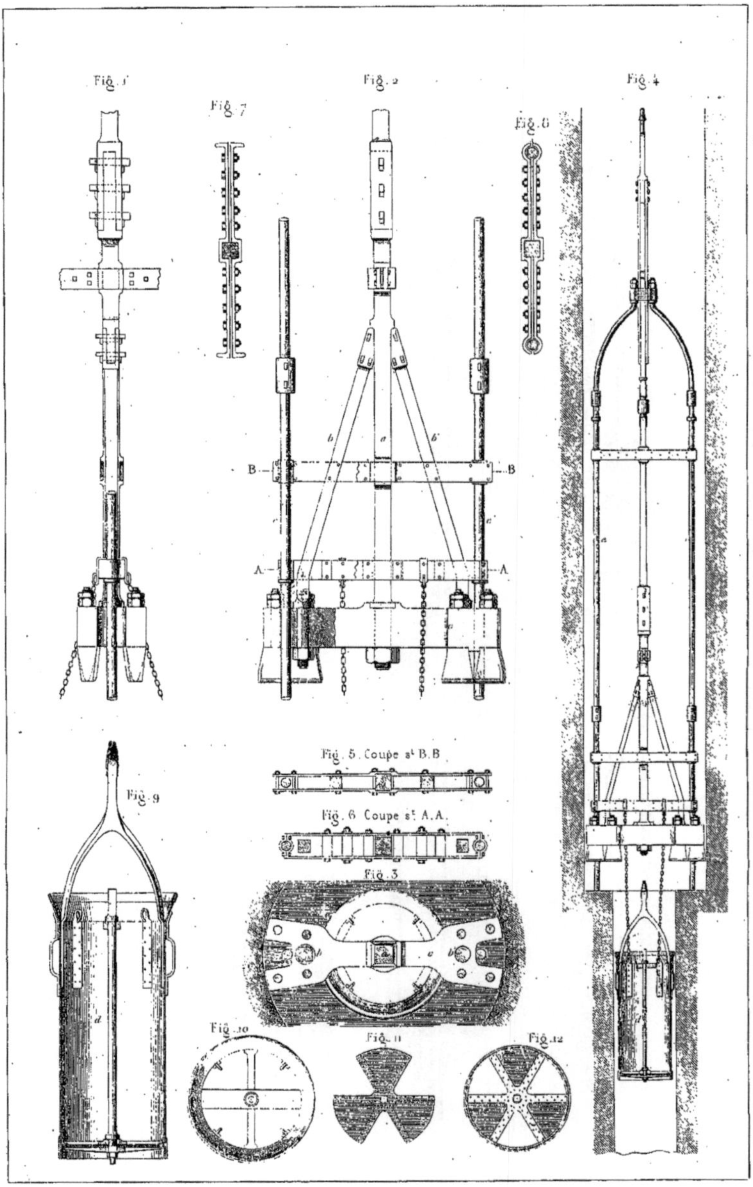

Fig. 1
Fig. 7
Fig. 2
Fig. 8
Fig. 4
B — — B
A — — A
b a b
Fig. 9
Fig. 5. Coupe s.t B.B
Fig. 6. Coupe s.t A.A
Fig. 3
Fig. 10
Fig. 11
Fig. 12
IMP. ST JUST & LÉON DRU. PAULIN ARRAULT, Succr.
OUTILS ET PROCÉDÉS DE SONDAGES
69, Rue Rochechouart, PARIS
PL. XVIII

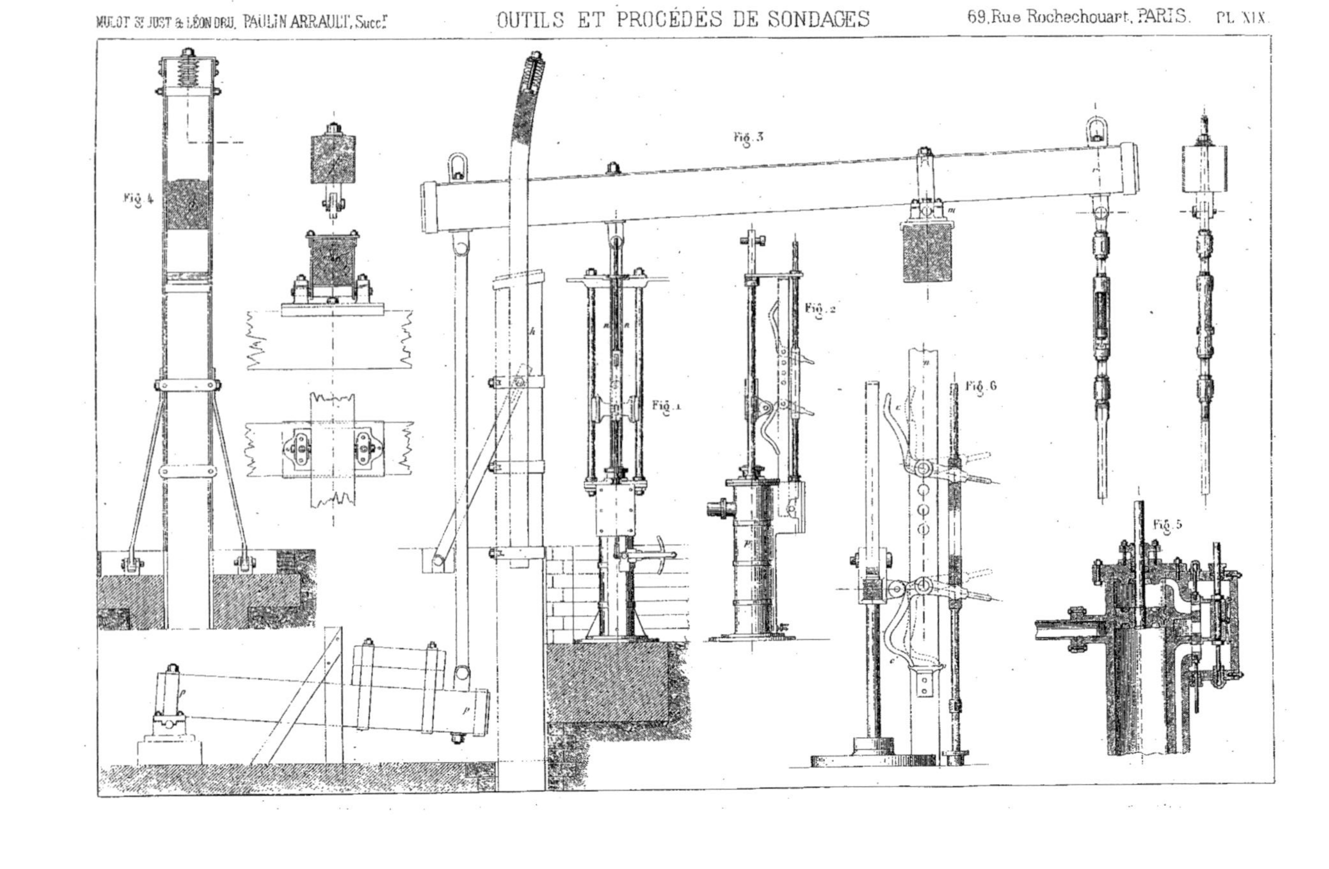
Fig. 4
Fig. 3
Fig. 2
Fig. 1
Fig. 6
Fig. 5

Fig. 1

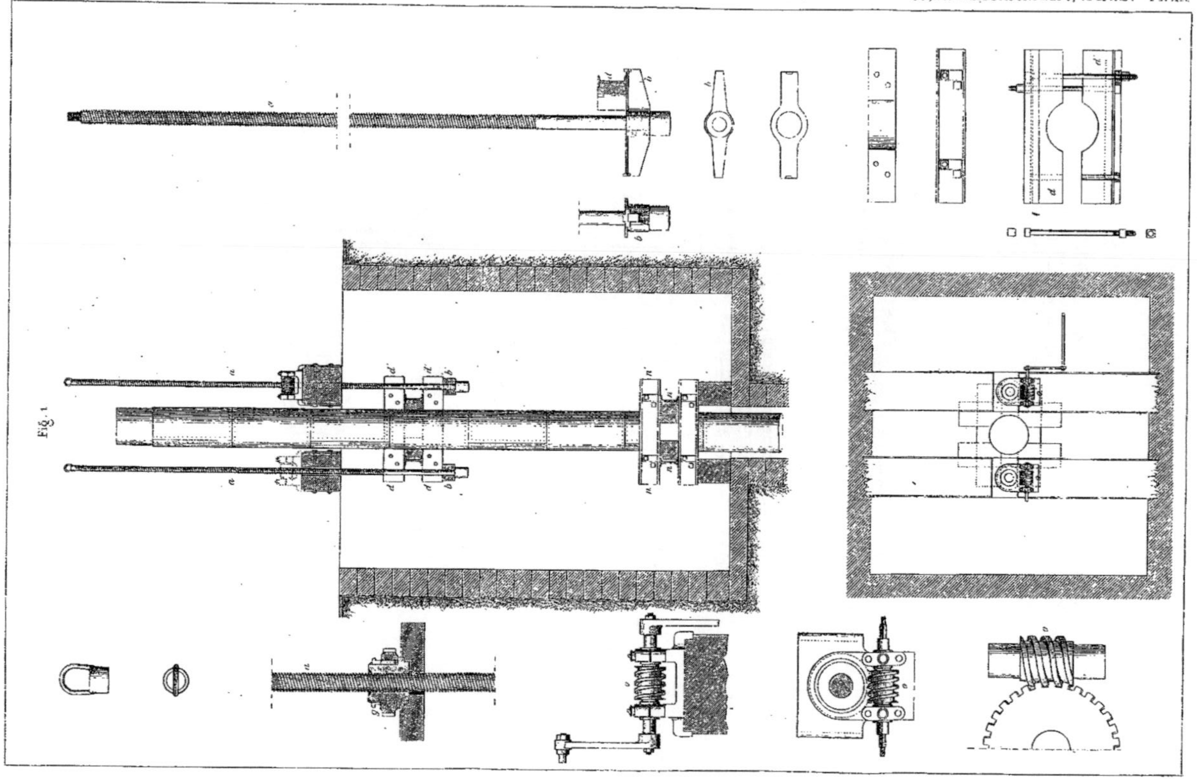

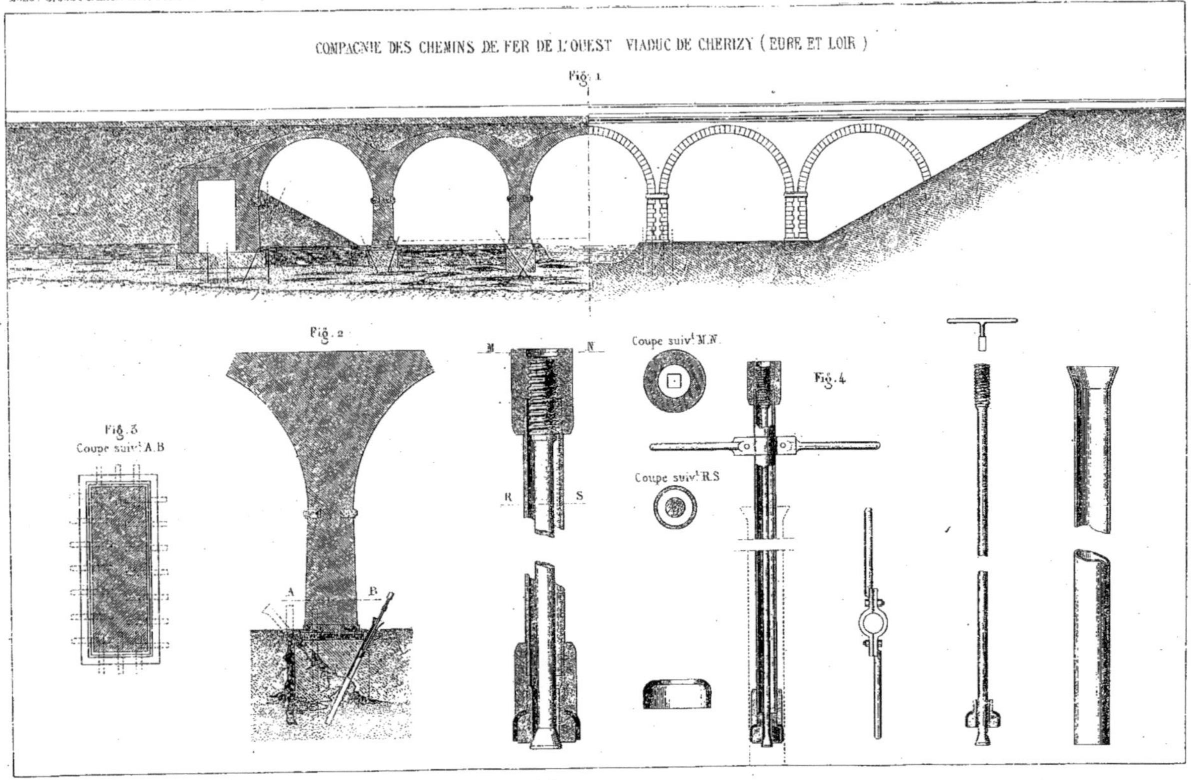

MILOT St JUST & LÉON DRD. PAULIN ARRAULT, Succr

OUTILS ET PROCÉDÉS DE SONDAGES

69, Rue Rochechouart, PARIS. Pl. XXI

COMPAGNIE DES CHEMINS DE FER DE L'OUEST VIADUC DE CHERIZY (EURE ET LOIR)

Fig. 1

Fig. 2

Fig. 3
Coupe suivt A.B

Coupe suivt M.N.

Coupe suivt R.S

Fig. 4

M   N

R   S

A   B

OUTILS ET PROCÉDÉS DE SONDAGES

Fig. 2

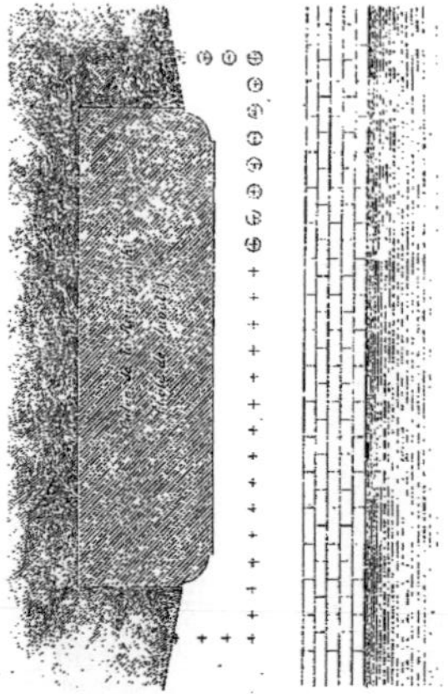

VIADUC DU POINT DU JOUR (PARIS-AUTEUIL)

Fig. 1

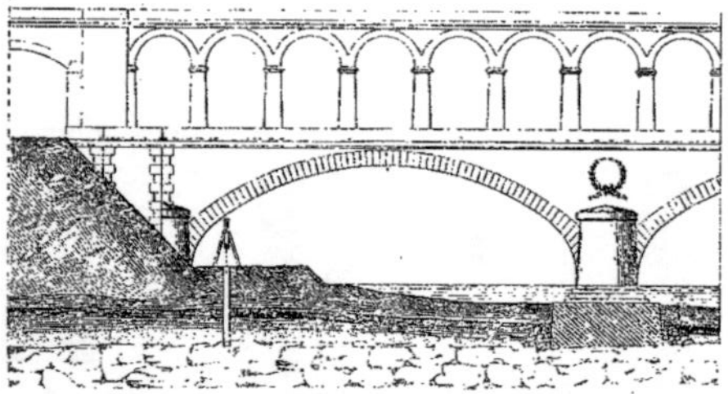

Fig. 3

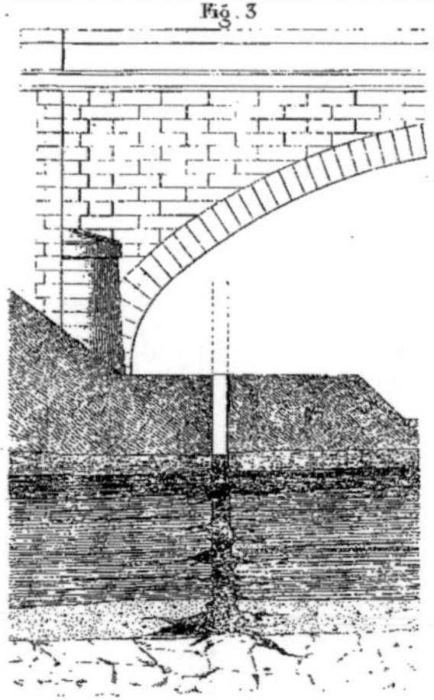

Fig. 4
Écluse de Froissy (Somme)

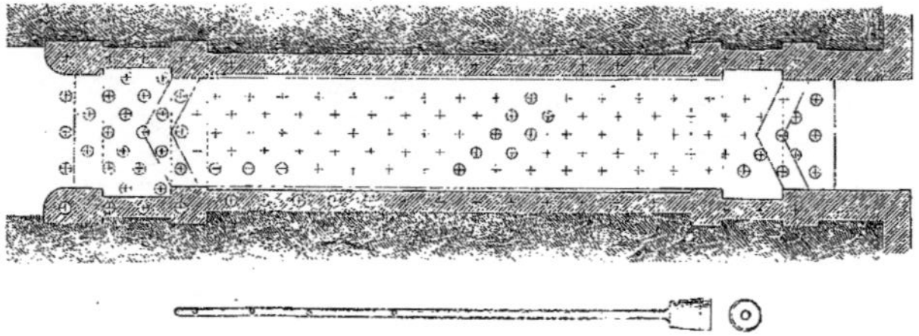

Fig. 6

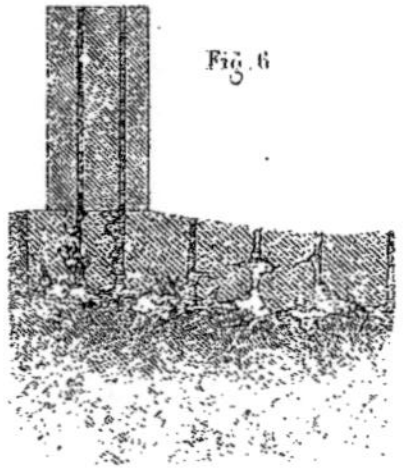

Fig. 5

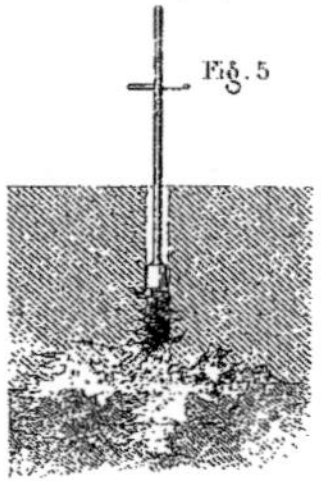

Hôpital Lariboisière
Fig. 1
Fig. 3
Fig. 4
Fig. 5
Fig. 6
Maison rue Reaumur a. Paris
Fig. 2
A
B
Coupe s.t A.B.
Béton
Marne et Gypse en rognons
Marne jaune
Marne filandreuse
Marne jaune
Gypse dur
Argile sableuse
Marne blanche
Roche calcaire
Marne grise et blanche
Béton
Gravier fin
Gravier et Silex (Délateur)

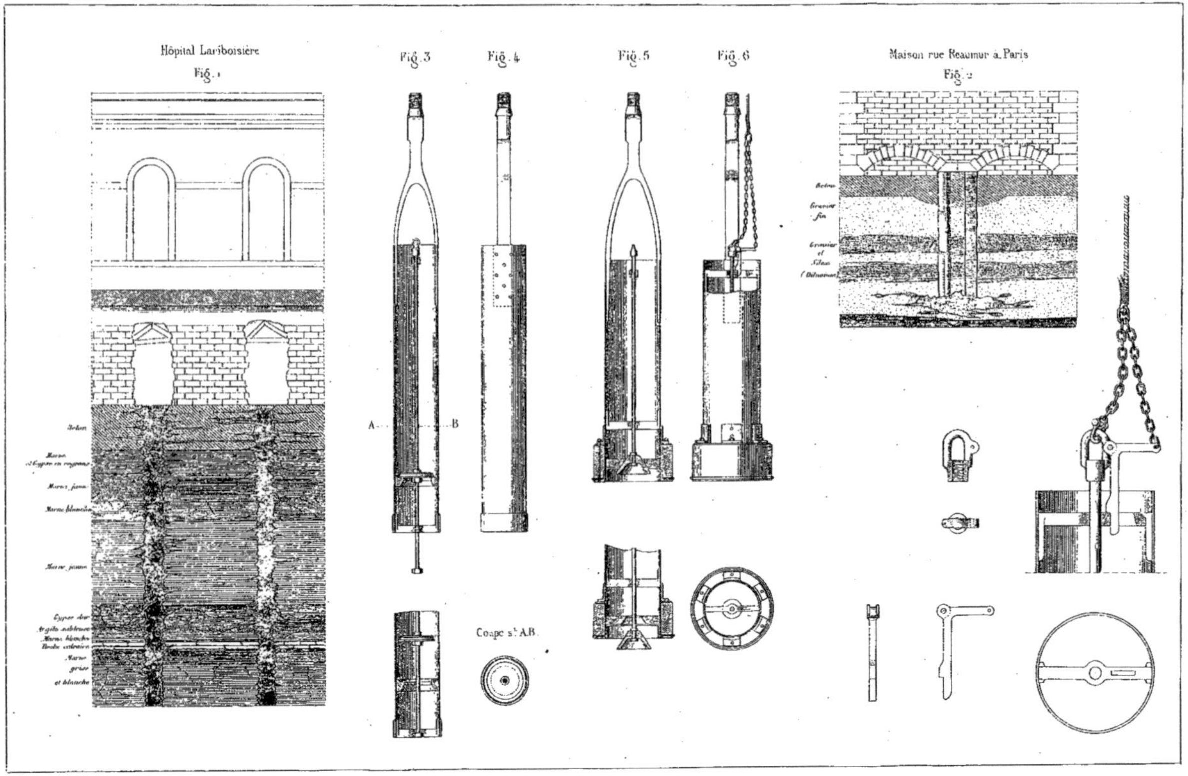

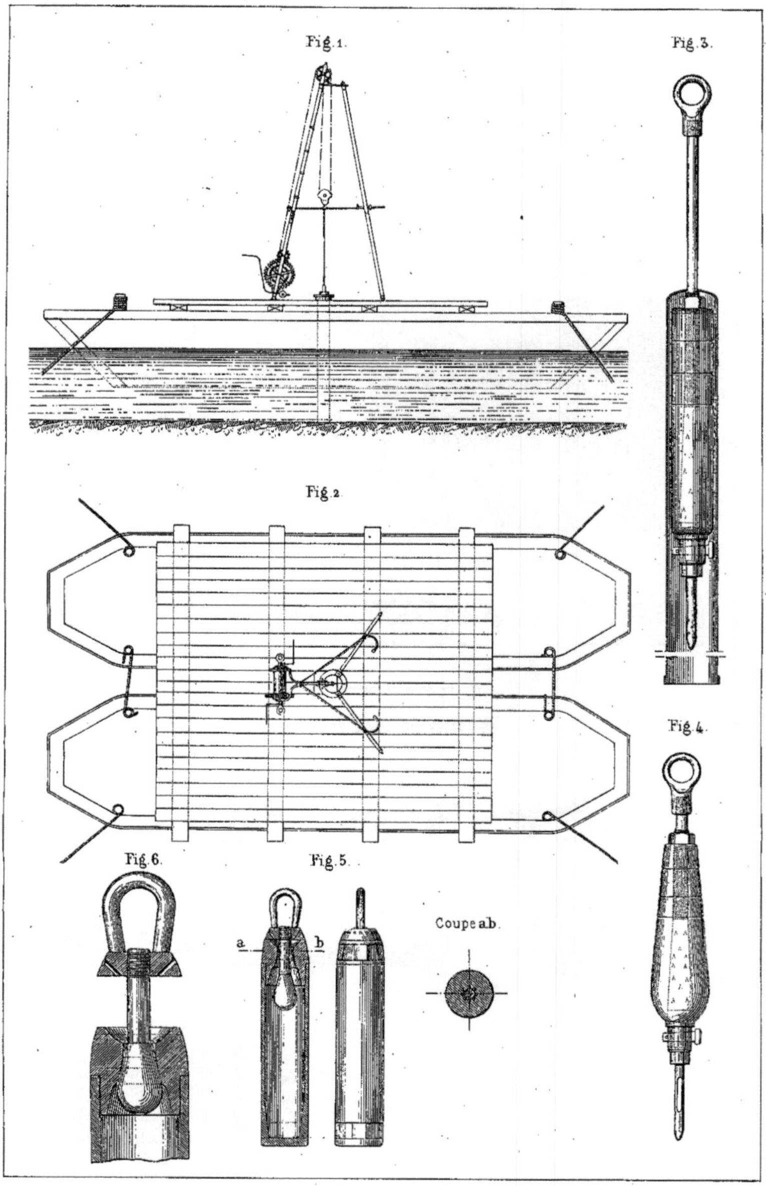

Fig.1.

Fig.2.

Fig.3.

Fig.4.

Fig.5.

Fig.6.

Coupe ab.

a   b

MILOT ST JUST & LÉON GRU. PAULIN ARRAULT, Sucr.

OUTILS ET PROCÉDÉS DE SONDAGES

69, Rue Rochechouart, PARIS.   PL.XXIV.

MULOT S.t JUST & LÉON DRU, PAULIN ARRAULT, Succ.r

OUTILS ET PROCÉDÉS DE SONDAGES

69, Rue Rochechouart, PARIS

PL. XXV.

Fig. 1.

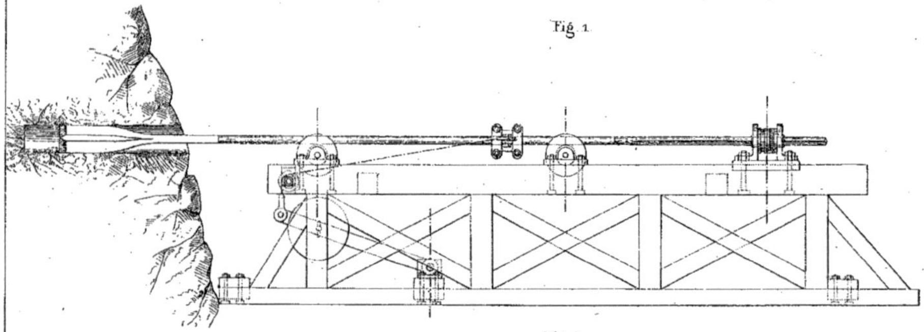

Fig. 2.

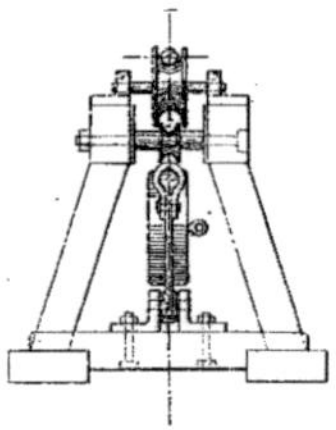

Fig. 3.

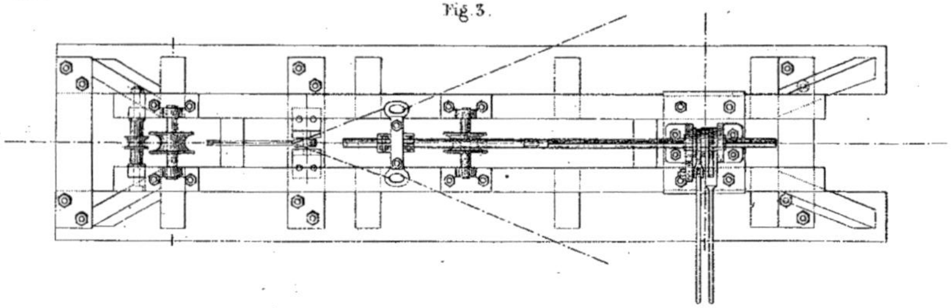

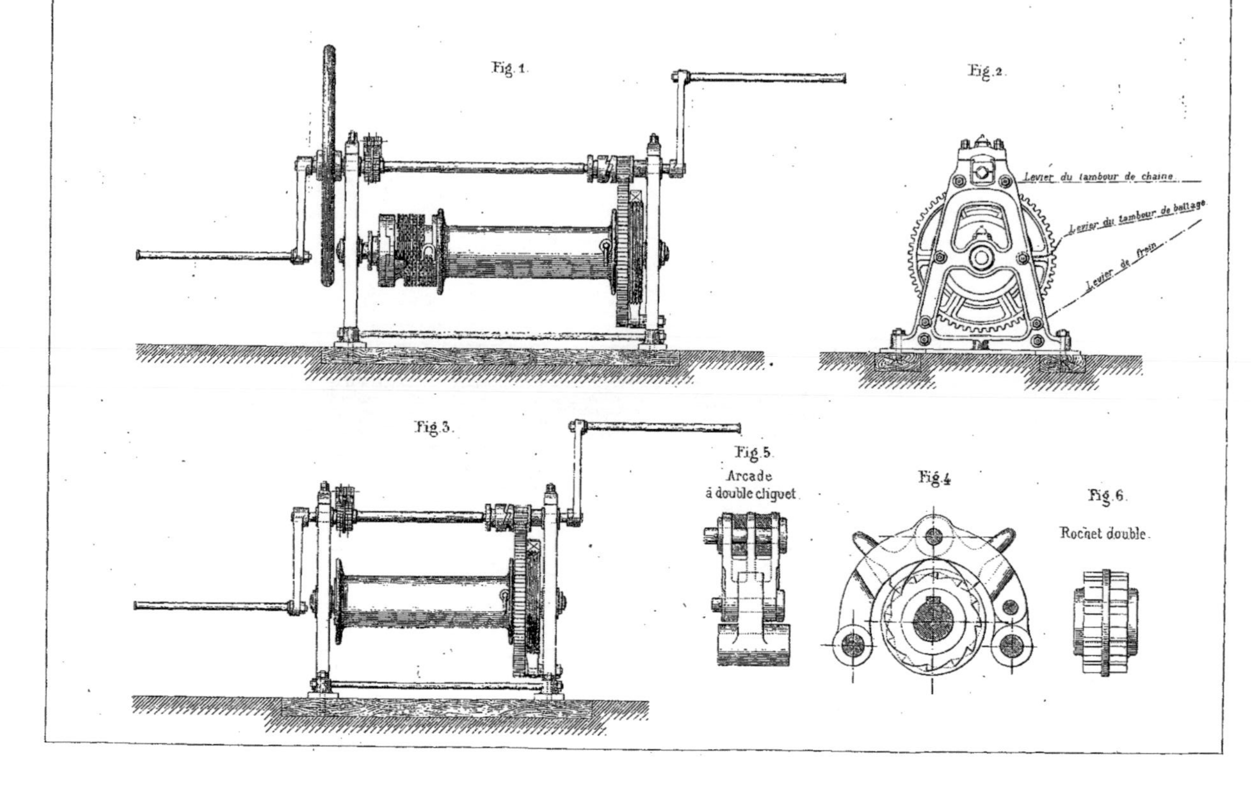
Fig. 1.
Fig. 2.
Levier du tambour de chaine.
Levier du tambour de battage.
Levier de frein.
Fig. 3.
Fig. 5.
Arcade
à double cliquet.
Fig. 4.
Fig. 6.
Rochet double.

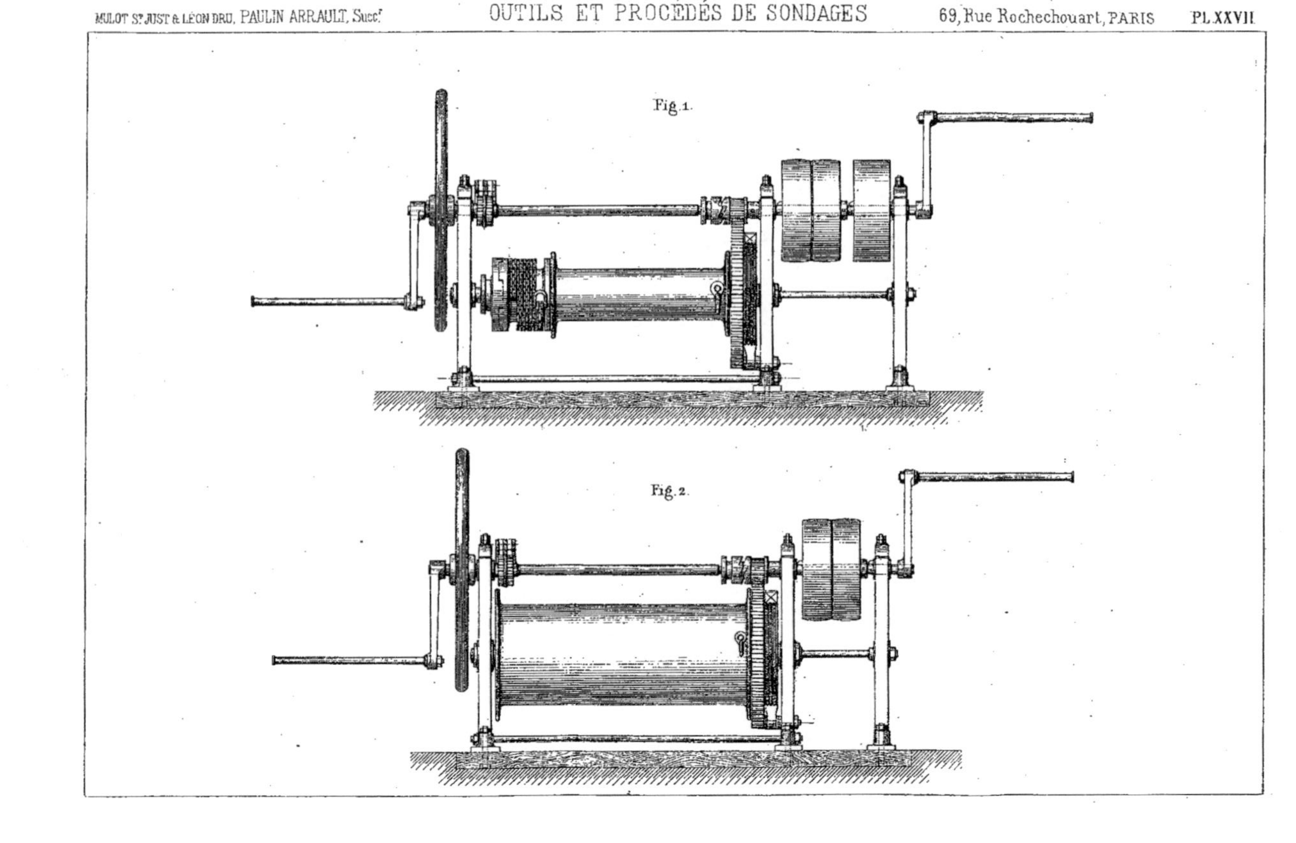

Fig. 1.

Fig. 2.

APPAREILS DE SONDAGE DÉMONTABLES
EN FER
POUR LES MINES ET LES COLONIES

APPAREIL N° 1 BREVETÉ S. G. D. G.
Pour 15 à 20 mètres de profondeur
Avec couronne de tête évidée, poulie et câble de manœuvre

APPAREIL N° 2 BREVETÉ S. G. D. G.
Pour 20 à 25 mètres de profondeur
Avec poulies, chaîne et treuil à rochet

APPAREILS BREVETÉS S. G. D. G. **N° 3** *pour 35 à 60 mètres*
et N° 4 pour 60 à 100 mètres de profondeur
Avec poulies, chaîne et treuil

APPAREIL N° 5 BREVETÉ S. G. D. G.
Pour 150 à 200 mètres de profondeur
Avec poulies, câble de nettoyage, treuil indépendant

MULOT, St JUST & LÉON DRU, PAULIN ARRAULT, Succr

OUTILS & PROCÉDÉS DE SONDAGES

69, Rue Rochechouart, Paris — PL. XXVIII

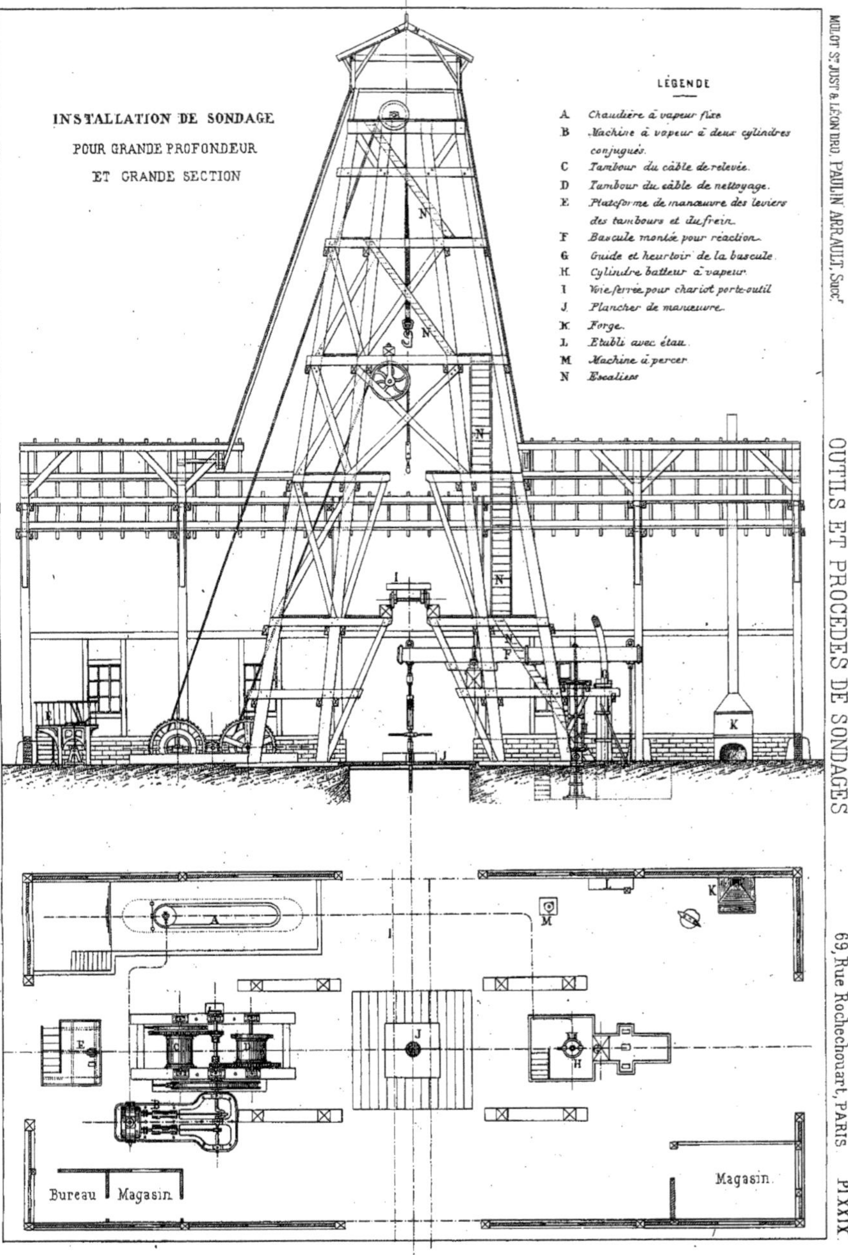

INSTALLATION DE SONDAGE
POUR GRANDE PROFONDEUR
ET GRANDE SECTION
LÉGENDE
A Chaudière à vapeur fixe.
B Machine à vapeur à deux cylindres conjugués.
C Tambour du câble de relevée.
D Tambour du câble de nettoyage.
E Plateforme de manœuvre des leviers des tambours et du frein.
F Bascule montée pour réaction.
G Guide et heurtoir de la bascule.
H Cylindre batteur à vapeur.
I Voie ferrée pour chariot porte-outil.
J Plancher de manœuvre.
K Forge.
L Établi avec étau.
M Machine à percer.
N Escaliers.
Bureau
Magasin
Magasin
MILLOT St JUST & LÉON DRU, PAULIN ARRAULT, Succr
OUTILS ET PROCÉDÉS DE SONDAGES
69, Rue Rochechouart, PARIS
PL XXIX

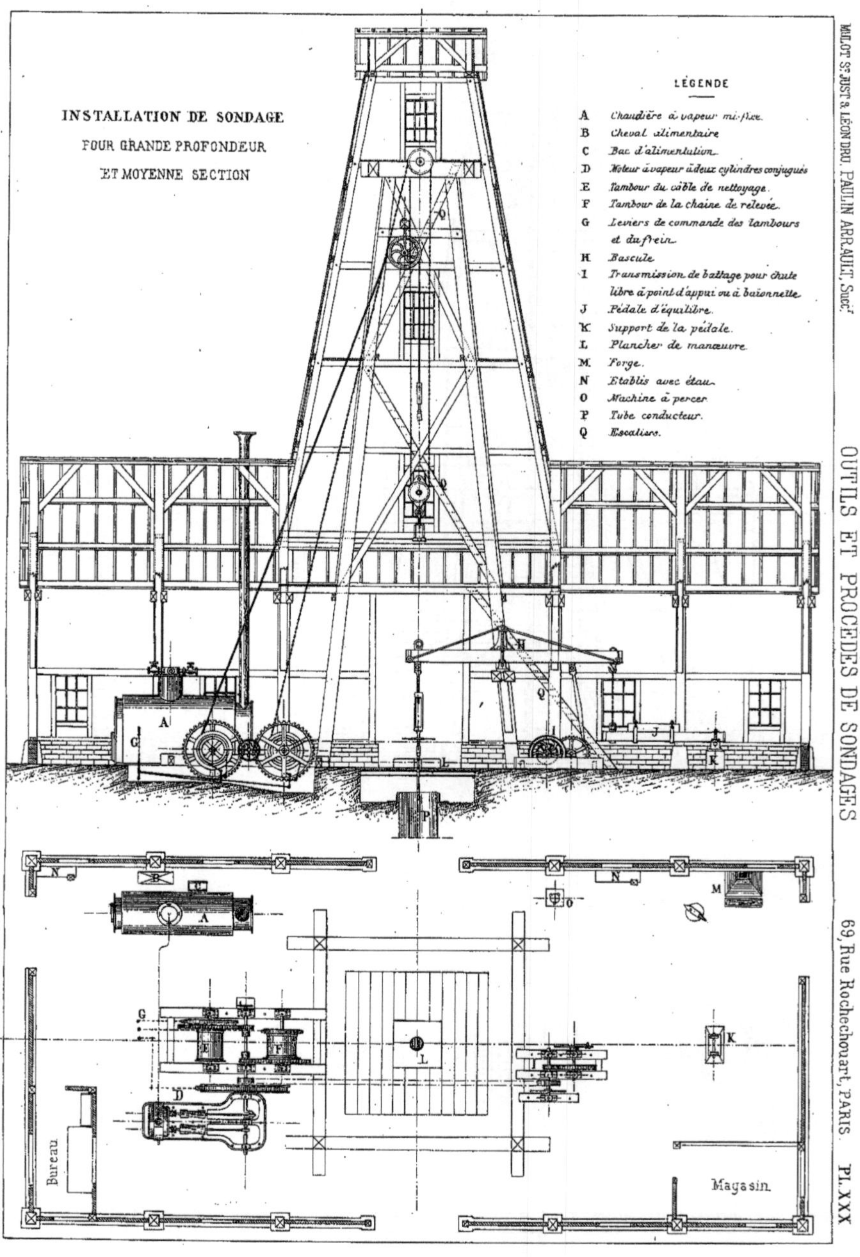

INSTALLATION DE SONDAGE
POUR GRANDE PROFONDEUR
ET MOYENNE SECTION
LÉGENDE
A   Chaudière à vapeur mi-fixe.
B   Cheval alimentaire
C   Bac d'alimentation
D   Moteur à vapeur à deux cylindres conjugués
E   Tambour du câble de nettoyage.
F   Tambour de la chaîne de relevée.
G   Leviers de commande des tambours et du frein.
H   Bascule
I   Transmission de battage pour chute libre à point d'appui ou à baïonnette.
J   Pédale d'équilibre.
K   Support de la pédale.
L   Plancher de manœuvre
M   Forge.
N   Établis avec étau.
O   Machine à percer
P   Tube conducteur.
Q   Escalier.
Bureau
Magasin
MILOT St JUST & LÉON DRU, PAULIN ARRAULT, Succr
OUTILS ET PROCÉDÉS DE SONDAGES
69, Rue Rochechouart, PARIS
PL. XXX

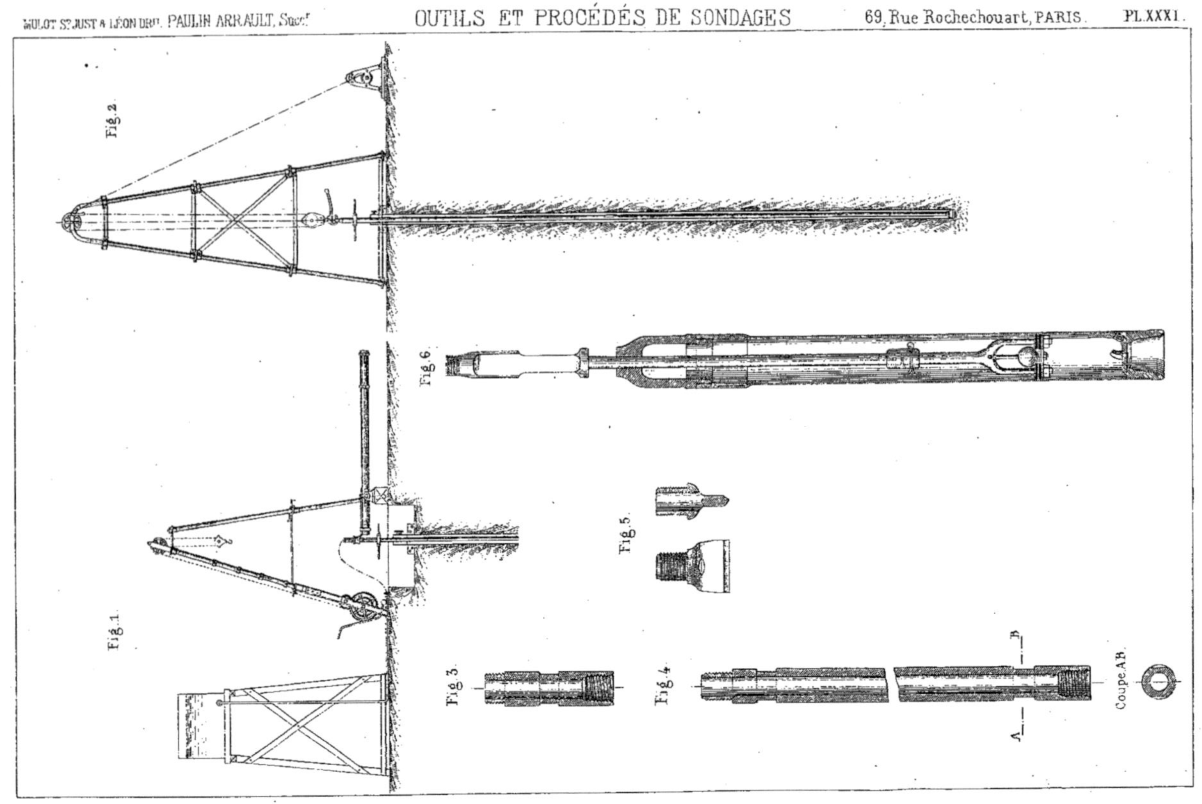

MULOT ST JUST & LÉON DRU. PAULIN ARRAULT, Succr.
OUTILS ET PROCÉDÉS DE SONDAGES
69, Rue Rochechouart, PARIS.
PL.XXXI.
Fig.1.
Fig.2.
Fig.3.
Fig.4.
Fig.5.
Fig.6.
A
B
Coupe.AB.

PUITS ARTESIEN
CHATEAU DE SULLY-SUR-LOIRE (LOIRET)

Sol+118m62

Sables et graviers

Sable blanc quartzeux

Argile panachée et rognons calcaires

Marne grise et rognons calcaires

Argile bleue à silex

Argile rouge à silex

Marne jaune

Craie blanche à silex noirs

Craie blanche à silex Zones de glauconie

Craie grise pyriteuse

Craie grise argileuse et pyriteuse Sable fin glauconieux

Argile noire micacée sableuse

Argile noire sableuse

Eau jaillissante 200.000 litres par 24 heures
à 17m00 au dessus du sol.

RÉPUBLIQUE ARGENTINE.
PUITS ARTÉSIEN DU BALDÉ (PROVINCE DE SAN-LUIS)

Sol+3m80

Sables et graviers

Sable jaunâtre fin et traces d'argile

Argile marneuse jaunâtre

Marne blanche

Gravier et sable gris fin

Tuf gréseux (Toson)

Sable fin fluide

Sables et Argile

Argile sableuse. Sable gris

Toscan

Argile rougeâtre

Sable avec couches minces d'argile

Argile sableuse rougeâtre

Argile grise et morceaux de grès

Toscan

Grès tendre

Argile rougeâtre sableuse

Sable rougeâtre fluide

Argile rougeâtre sableuse

Sable argileux

Grès tendre

Argile rougeâtre et sable gris

Toscan

Argile rougeâtre sableuse, plastique

Sable grossier renscermant une scorie

Argile rougeâtre sableuse, petits cailloux roulés et veines de grès

Argile rougeâtre en lentilles.

Sable, Fluide, assez aquifère

Sable

Argile rosée sableuse

Sables jaunâtres fins

Eau jaillissante.

BILLOT & JUST & LÉONARD PAULIN ARRAULT, Succr.

OUTILS ET PROCÉDÉS DE SONDAGES

69, Rue Rochechouart, PARIS. Pl. XXXII.

Eau jaillissante 730.000 litres par 24 heures
à 15.m 00 au dessus du sol.

Eau jaillissante 250.000 litres par 24 heures

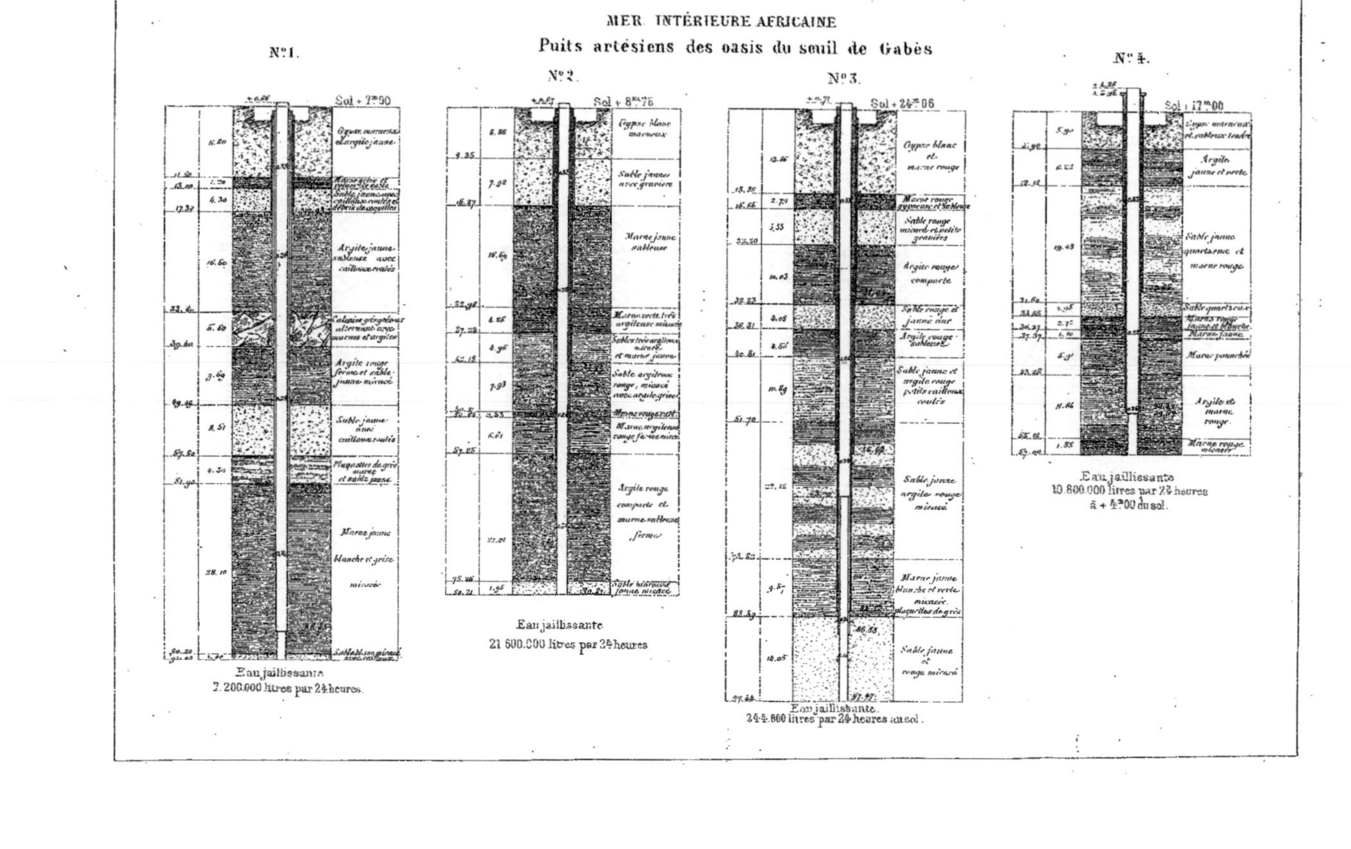
MER INTÉRIEURE AFRICAINE
Puits artésiens des oasis du seuil de Gabès
N° 1.
Sol + 7m 90
N° 2.
Sol + 8m 75
N° 3.
Sol + 24m 06
N° 4.
Sol + 17m 00
Eau jaillissante
7.200.000 litres par 24 heures.
Eau jaillissante
21.600.000 litres par 24 heures
Eau jaillissante
244.800 litres par 24 heures au sol.
Eau jaillissante
10.800.000 litres par 24 heures
à + 4m 00 du sol.

PUITS ARTÉSIENS DE PARIS
PUITS ARTÉSIEN DE L'ABATTOIR DE GRENELLE.
Place Breteuil. (1841).
PUITS ARTÉSIEN DE LA RAFFINERIE C. SAY.
Boulevard de la Gare, 123. (1870)
OUTILS ET PROCÉDÉS DE SONDAGES
69 Rue Rochechouart. PARIS.
PAULIN APRAULT, Succr
PL. XXXV.

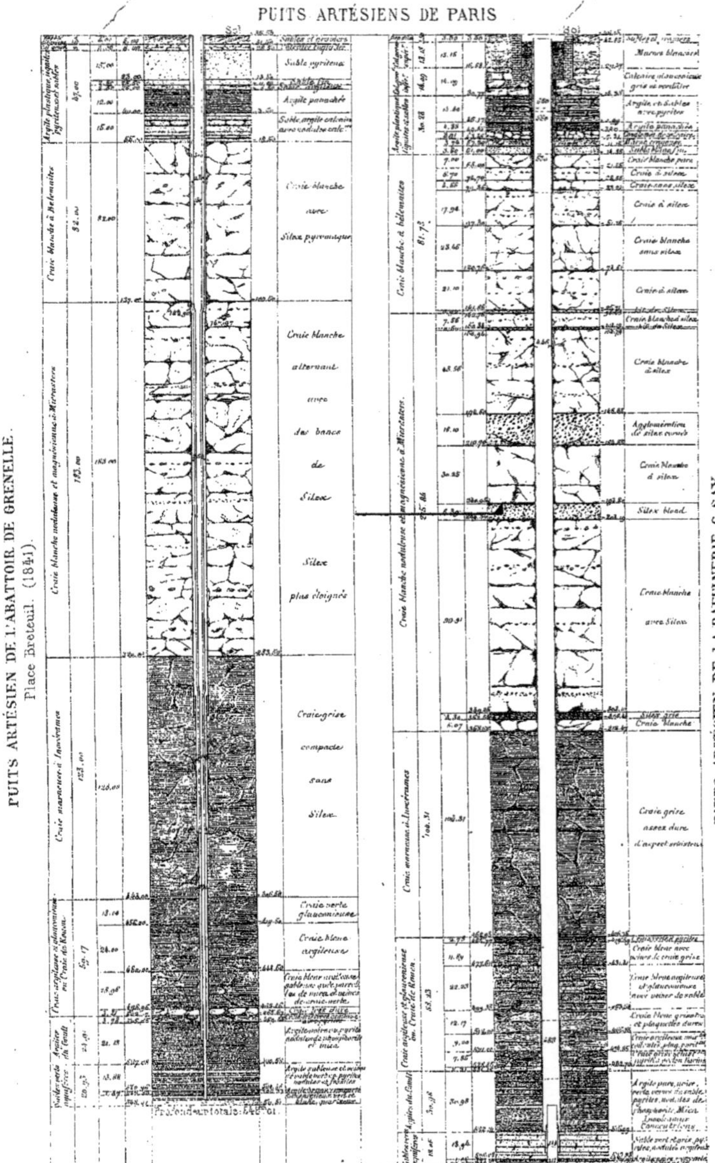

www.ingramcontent.com/pod-product-compliance
Ingram Content Group UK Ltd.
Pitfield, Milton Keynes, MK11 3LW, UK
UKHW020947140726
13695UKWH00003B/1255